XRデバイス・ディスプレー最前線

量産投資が進むOLEDoSの動向に迫る

産業タイムズ社

序　文

「ポストスマホ」という単語をご存じでしょうか。次世代のスマートフォン（スマホ）のポジションを担うデバイスのことで、XR（VR、AR、MRの総称）デバイスのうちARデバイスに白羽の矢が立っています。近い将来かどうかは未定ですが、スマホを手に持ってディスプレーを覗く代わりに、電子デバイスと化したメガネで情報を得る時代がやってくるでしょう。過去にも多機能メガネ「スマートグラス」としていくつものデバイスが誕生していますが、周辺デバイス技術やソフトウエア、なにより変わったメガネを受け入れるコンシューマーの土壌が未発達であったため、普及期を迎えることなくブームが過ぎ去っていきました。

では今回のブームは本物かどうか？　私たちは常に疑問を持って取材を進めてきました。米国のビッグテックと呼ばれる企業が本腰を入れても、いつ計画が白紙になるか分かりません。事実、これまでMRデバイスの「Hololens」シリーズを世に送り出してきたマイクロソフトは、徐々に関連チームの整理をはじめ、ついにHololensの生産を止めることにしました。アップルは「空間コンピューティング」と称してMRデバイスを発表しましたが、次世代機にどの程度本気であるのかが不透明です。

業界を牽引するのは、やはりメタ・プラットフォームズ（メタ）でしょう。社名をFacebookから変更したことでもその本気度がうかがえますが、VRデバイスの「メタクエスト」のシリーズ展開だけでなく、このほど長年研究を続けてきたARグラスのプロトタイプを披露しました。同社ではXR関連分野を「長期投資分野」と位置づけ、関連部署が大赤字を継続しても開発の手を緩めてはいません。ARグラスを発表したことで、いよいよ「ポストスマホ」に向かって始動したと言えます。彼らは、デバイスを通してコンシューマーを自らのエコシステムの中に組み込むことを想定していると考えられています。今後、これに触発されたアップルや他の企業がどのような動きを見せるか、目が離せない展開になってきています。

また、これらXRデバイスの動きに呼応して、小型／マイクロディスプレーの動きも活発化しています。特にOLEDoSは中国メーカーが怒涛の勢いで量産化に着手しています。マイクロLEDディスプレーも、アップルウオッチでの搭載が白紙になったことから一時期トーンダウンしましたが、ARデバイスでは小型・高輝度をかなえる同ディスプレーのアドバンテージが高く、フルカラーでの量産・普及が待たれるところです。

本書では、XRデバイスの動向とそれらに搭載される小型／マイクロディスプレーの動向や製造技術などについて詳述しました。前書籍『メタバース・スマートグラス最前線』の後継書籍となります本書の、関連業界各社の取材・執筆・編集には、『電子デバイス産業新聞』編集部が当たりました。業務ご多忙の中、取材に協力して頂いた関係者の方々には、お礼を申し上げる次第です。

2024年12月

株式会社産業タイムズ社
代表取締役社長　吉満 大輔

XR デバイス・ディスプレー最前線

量産投資が進む OLEDoS の動向に迫る

巻頭特集

XRデバイスで進化する マイクロディスプレー

～黎明期のARデバイスと量産激化するOLEDoS～

XR デバイスで進化するマイクロディスプレー
～黎明期の AR デバイスと量産激化する OLEDoS ～

XRデバイスで注目を集めるOLEDoS

AR（拡張現実）／VR（仮想現実）グラスなどに搭載されるマイクロディスプレー／小型ディスプレーに注目が集まっている。このうち、シリコン基板上に有機EL発光層を形成するマイクロ有機ELディスプレー（OLEDoS）への投資が中国を中心に盛り上がっている。中国では新興メーカーが多く、政府による補助金が見込めることから今後さらに増える可能性があるほか、韓国、欧米でも投資、研究開発が活発化している。

AR／VRグラスのうち、すでに市場形成が進んでいるのがVRで、ゲームコンテンツが牽引し民生用途で拡大しているほか、ビジネスユースでの採用も進んでいる。ディスプレーとしては液晶が主役で、高精細化を極める方向で開発が進められている。

一方、ARはその目指す役割がVRとは異なり、拡張・仮想現実に浸るためのものではない。あくまで目指すのは「ポストスマートフォン」の地位であり、日常使いのデバイスを想定している。眼鏡のように周囲が見え、顔に乗せても違和感が無いデバイスになるのはまだ先の話だが、まずはスマートウオッチのように、スマートフォン（スマホ）のサブディスプレーの座から獲得するのが狙いだ。

AR向けのディスプレーでは半導体技術で高精細化が可能なOLEDoSが注目されている。スマホ向けの有機ELディスプレー（OLED）と異なり、現状すべてのOLEDoSがWOLED、つまり白色発光の有機ELにカラーフィルター(CF)でRGB(赤緑青)画素を表現するタイプで、カメラのビューファインダー（EVF）で実績がある。

国内では、EVFでトップシェアを保持するソニー、自社スマートグラス「MOVERIO」に搭載しているエプソン、自社製品向けに展開しているキヤノンなどが手がけている。ソニー製のOLEDoSは、22年にARグラスを10万台出荷した中国XREAL(米IDC調べ)や、同じく中国の大手ARグラスメーカーのRokid、NTTドコモ関連会社とシャープの合弁会社NTTコノキューデバイスから24年9月に発表された「MiRZA（ミルザ)」、24年に上市されたアップルの「Vision Pro」などに採用され、最もXRデバイスに搭載されているOLEDoSと言われている。

(「マイクロディスプレー」の定義として、0.25型以下や1280×720ピクセル以上解像度の1型未満の超小型ディスプレーを指す、などがあるが、本書ではおよそ1型以下を「マイクロディスプレー」と見なしている)

OLEDoS製造は中国新興企業がメーン

OLEDoSへの投資が盛んなのが中国だ。従来のパネルメーカーとは異なる、新興企業の勢いが強い。ドローンで有名なDJI製品への採用を獲得しているSeeYA、米国メーカーの製造提携先であるLakeside、中国大手パネルメーカーのBOEと提携するOLiGHTEK、大型生産設備を整備するBCDTEKやSidTekなど枚挙に暇がない。19年に上海市で設立されたルミコアも、米国の主要ヘッドセットブランドからの注文を受けて1億ドルの資金調達を行った。

また、BOEは昆明BOEディスプレイテクノロジーを設立し、8インチと12インチのラインを持つほか、新たに12インチラインの投資も進めている。これらに加えて、韓国パネルメーカー2社も参入を表明している。

LGディスプレーは、サムスンブランドで展開できるサムスンディスプレー（SDC）と異なり、採用メーカーが無く決断が難しいものの、投資意欲はあり技術力もあるため、今後の動向に注目だ。SDCは、WOLEDだけでなく、RGB塗り分けタイプのOLEDoSの開発、生産を進めており、このOLEDoSでマイクロソフトと提携したという報道もある。SDCでは、現在はサムスン電子が担うバックプレーンやカラーフィルター（CF）工程も自社内に取り込み一貫生産する計画を持つ。23年5月に米eMagin（イメージン）を買収しており、輝度向上が期待できるイメージンのCFレスを特徴とするdPd（direct patterning display）技術を取り込んで、XR事業を強化する方針だ。

SDCに買収されたイメージンでは、dPd技術で輝度1万cd/m^{2}を達成し、23年後半に2万8000cd/m^{2}以上に高める開発ロードマップを持っていた。開発、設備投資資金を求めてサムスンに買収されたと見られている。

軍事向けで実績を持つ米Kopinでは、AR／VR向けのOLED開発部門を子会社に移管し、中国Lakesideに製造委託して低コストで量産する計画を進めている。有機EL照明メーカーのOLEDWorksもOLEDoSへの新規参入を発表。軍事用OLEDoSの設計と開発を手がけるべく、米国政府と最大860万ドルの取引協定を締結した。フランスのMICROOLEDは、20年に800万ユーロ、23年に2100万ユーロを資金調達して生産設備拡張に充てている。

メタバースというコンテンツ

コロナが蔓延する以前の18年～19年ごろは、メタバースとAR、VR、MR機器（XRデバイス）の成長が一緒に語られた時期であった。メタバースというXRデバイスのコンテンツ市場を得て、これら機器が大きく伸びるのではないかと大きな期待とともにその進化・発展が予想されていた。

しかしその後、メタバースはその名称、概念、一般利用が予想よりも早く進展して定着化した。パソコンやスマホの中の2次元の画像や映像の中でやり取りしている世界から、3次元映像環境の中で、何かができる概念や環境が急速

マイクロディスプレー（OLEDoS）メーカー動向

ディスプレー	企業		動向
OLEDoS（OLED on Silicon）	ソニー	日	デジカメ用EVFトップ、アップルVision Proにも採用、12インチ保有
	エプソン	日	スマートグラス「MOVERIO」を展開、光学モジュール販売も
	MICROOLED	仏	光学モジュール「Activelook」ブランド展開、20年に800万ユーロ、23年に2100万ユーロ調達
	Kopin	米	OLiGHTEK、BOEと提携、OLEDoS事業は関連企業にスピンアウト
	eMagin	米	サムスンが買収、CFレスのdPdOLED技術開発
	SeeYA	中	20億元投じ合肥に12インチ工場保有
	Lakeside	中	Kopinの製造パートナー、8インチライン保有、12インチ新設24年稼働
	OLiGHTEK	中	KopinやBOEと提携、BMOTはBOEと合弁
	SIDTEK	中	安徽省に8インチ保有、12インチ新設24年稼働
	BCDTEK	中	1億元でK1工場整備、15億元で12インチK2工場建設中、25年稼働
	BOE	中	昆明BOE Display Technology（BMOT）設立、8、12インチ保有
	SDC	韓	既存A1／A2ラインを活用、将来RGB塗分け方式で差別化
	LGD	韓	顧客次第で参入、投資意欲は有り

（電子デバイス産業新聞調べ）

にまとまって普及していったのである。メタバースについては、様々な場面や場所で導入されてきており、案件の枚挙にいとまがない状況だ。企業や自治体がコラボして遠隔地の人々との交流や作業の案内についてメタバース環境を利活用したり、教育現場において臨場感のある授業にすべく導入されたりと、生活に溶け込み始めている。このよううな状況は、自宅にいながら、いつでもどこでも、といった利便性をなんとか活用したいという潜在ニーズに応える形で採用が拡大していることと、従来からゲーム市場では3D映像が普及していたこともあり、この3D化の技術がゲーム以外の市場を得たことで急速に普及した、しやすかった、という要因がある。

また、世界でも有名ブランドメーカーがメタバース店舗を導入したり、企業での研修や危機管理訓練などにVRゴーグルなどを用いて仮想空間で練習するなど、様々な取り組みが進んでいる。一般的にもこういった世界が構築されると見込んで、不動産業界や保険業界なども参入しており、もはやメタバースは一過性のものでは無く、今後も日常的に「当たり前」になるべく拡大している市場であることが伺える。

ただし、これらの動きはソフト側の進展であり、現状使えるデバイスとしてはパソコンとスマホがメーンとなる。ハード側のXRデバイスの方はまだまだ発展途上だ。今後、XRデバイスがパソコンやスマホに近い存在になれば、やっとメタバースとリンクするデバイスになれるという状況で、コロナ禍直前期に語られてきたような、お互いがお互いを意識して作られているものではなく、各々で進化した上でやがてリンクするものになる、という位置づけになっている。

VRデバイスが市場形成を先行

ではデバイスの進捗はというと、XRデバイスの中ではVRデバイスが先行して市場を形成している。黎明期に入ったばかりのARデバイスと大きく異なる点だ。VRデバイスはヘッドマウント形状であるため、没入感が出る。これは、ゲームと非常に親和性が高いことから、その普及が早かった。ゲームソフトは10年以上前から3D化を実現してきた分野であり、現在のメタバース向けコンテンツもゲームソフトの3D技術などをベースに作られている。

さらにこのVRは、巣ごもり需要により21年に爆発的に売れ行きを伸ばした。20年の市場出荷台数が600万台程度であったのに対し、21年に約1000万台まで急伸した。特に話題となっ

メタバースを活用して模擬裁判も

たのが米メタ・プラットフォームズ（メタ）が手がけるMeta Ques2だ。同機種は、機能の割に価格も手ごろとの評価で、そこに巣ごもり需要も加わり一気に拡販されていった。広く知られるようになったことで、ゲーム以外の活用シーンが増え、企業での研修作業や企業の事業企画自体でも採用を伸ばしていった。

VRデバイスの進化の方向性としては、筐体の薄型化や軽量化、アイトラッキングの精度向上やディスプレーの高精細化など様々にあるものの、どれも現状のデバイスをどう向上させていくかというロードマップ上にあるという点でARデバイスとは異なる。

例えばディスプレーでは、液晶ディスプレーの高精細化がテーマの1つになっている。同機種にも採用されているジャパンディスプレイ（JDI）のVR向け高精細ディスプレーの開発ロードマップによれば、25年に2000ppi、28年に2500ppiを目指し（24年秋現在で2.15型で2527ppiを達成）、30年には3000ppiを達成すべく開発を進めている。目の前の映像の、リアルにより近い表現が重要であるためだ。

ARデバイスはハードルが高すぎる

ARデバイスは、いまだ市場形成には至らず、黎明期と言っていい。22年のXRデバイス市場を調査した米IDCが23年3月に発表したレポートで、ようやくARデバイスの数字が出始めたばかりだ。同社によれば、22年のヘッドセット市場の内訳は、メタが市場8割を抑えてトップとなり、2位がByteDance（Pico）で10%、その後DPVR、HTC、iQIYIと続き、6番目に中国でARグラスの設計・製造を手がけるXreal（旧Nreal）が初めて登場している。1～5番目まではすべてVRデバイスだ。Xrealは、22年に10万台を生産出荷したとされており、現在最も売れているARデバイスを市場展開している（昨今ではARグラスではなく、映像視聴ビューアーとカテゴライズする意見もでてきている）。

ARデバイスが目指すのはポストスマホであり、日常使いの「メガネ」デバイスであることから、重さは50gを目指す必要があるなど、そもそものゴールが厳しい。眼鏡に様々な機能や通信や演算機能、バッテリー、ディスプレー含む光学系などを搭載することは、軽量化からは遠ざかっていく一方のため、製品化が難しいのは火を見るより明らかだ。この先、Biyond5Gや6Gなどの高速通信が普及すれば、エッジ側（ARデバイス）にかかる負担を軽減できるため、簡便に理想のARデバイスを作れるようになるかもしれないが、現状はその前哨戦といったところだろうか。

とはいえ、過去10年の間でディスプレーや

JDIの2.15型2527ppiのVR用ディスプレー（右）と既存品

周辺部材、それに関連するソフトウエアなど多くの技術が成熟してきたこともあり、様々なARデバイスを提案できる土壌が作られつつあるのも事実だ。完全にスタンドアローンで動作させることは困難でも、有線でスマホやパソコンと繋ぐ方法や、ワイヤレスであれば使用する機能を絞るといった、ARデバイスにおいてある方向性が出始めている。

前者ではXrealが展開するXREAL Airシリーズなどが当てはまる。後者は先般自社カンファレンスでメタが発表した「Orion」(が製品化されれば) や、NTTコノキューデバイスのミルザなどが当てはまる。ミルザについては、25年中に上市する計画の2号機は、まさに機能を絞ることで軽量化し、より眼鏡化を図ったものになるという。

また、この機能を絞ったバージョンのARデバイスにおいてポイントとなるのがAIだ。メタではサングラスブランドのレイバンとコラボした製品にAIを搭載し、「AI (サン) グラス」と呼称しており、今後はAIを搭載してメールチェックなどのビジネスのサポートや翻訳、方向指示や生体センシングなどの日常生活をサポートする機能を搭載したAR／AIグラスの製品展開が増えてくるだろう。

ARデバイスの方向性

ARデバイスでは、機能を絞ることで製品化を進める動きが活発化している。このタイプの光学系は、ウエーブガイド方式と呼ばれるもので、ここへの材料開発や投資の動きが活発になっている。ウエーブガイドそのものの開発として高屈折率なガラスや樹脂製ウエーブガイドの開発やその量産化、それに付加する機能の素材や付加の仕方への開発が進められている。

大手ガラスメーカーの米コーニングでは、22年1月、ウエアラブルデバイス向けAR／MR回折導波路の開発を後押しする新しいガラス組成を発表した。屈折率2.0という高屈折率なガラスを実現し、AR／MRウエアラブルデバイスの視野角 (FOV) の拡大とクラス最高を誇る青色波長の光透過率などの光学的透明性の向上を実現した製品だ。ウエハー径は150mm、200mm、300mmをラインアップした。同社はすでに屈折率1.8と1.9の高屈折率ガラスをラインアップしている。

23年12月、三井化学がAR／VR市場の拡大に向け、ARグラスのウエーブガイド向け樹脂ウエハーのDiffrar (ディフラ) を開発したと発表。ディフラは、ウレタン系樹脂で1.67以上の高屈折率を持ち、高平坦性など優れた光学優れた光学特性を持つため、ARグラスユーザーへ広いFOVを提供する。樹脂製のためデバイスの安全性（耐衝撃性）や軽量化にも寄与するとしている。光学樹脂ウエハーは3～8インチまでをラインアップした。8インチサイズのARグラス向け光学樹脂ウエハーは世界初という。

また、特殊ガラスの老舗メーカーであるオハラと、

「MiRZA」は次号機で半分の重さを目指すという

日本ベンチャーのCellidが24年1月に業務提携を発表している。ARグラス用ウエーブガイドの性能向上に向け、①AR用基板材料の開発、②①を推進するための人材や技術の交流を進めていくという。オハラでは、「最先端ウエーブガイドのイノベーション加速に貢献していけると確信している。新たなAR産業を創出し、社会の利便性向上および両社の事業成長に向け取り組んでいく」とコメントしている。Cellidは、次世代デバイスのARグラス用ディスプレーや空間認識エンジンの開発を主軸とする事業を展開している日本発ベンチャーで、ARグラス用ディスプレーとしてはシースルーディスプレー方式のウエーブガイド（DOE方式＝回折光学素子方式）を製造している。

ウエーブガイド向け関連装置も

これら素材関連メーカーのほか、製造面での注力も活発だ。23年4月、DNPとSCIVAXがナノインプリント製品の量産を行うファンドリー事業に関する資本業務提携を行い、合弁会社のナノインプリントソリューションズ㈱を設立。これにより、ウエーブガイドなどに付加する機能（回折格子）のナノインプリント製造に注力していくという。DNPが持つ最先端ナノインプリント用原版の製造技術と量産ノウハウに、SCIVAXの量産製造設備と装置設計技術などを組み合わせ、両社のバリューチェーンをさらに統合していく。

23年7月、AIメカテックとオプトランは、合弁会社「ナノリソティックス㈱」を設立している。光学製品精密加工装置の開発・製造・販売を行う「ナノインプリントリソグラフィー事業」を展開していくとし、具体的には、AIメカテックが持つナノインプリント技術やインクジェット方式のパターニング塗布技術、オプトランが持つ高度な光学系薄膜成膜技術やドライエッチング技術を融合したナノインプリントによる量産技術を提供するという。23年9月には、素材メーカーのJSRも出資者に加わった。

25年1月には、NTTアドバンストテクノロジがこのナノインプリントのための素材開発について発表した。耐光性に優れた屈折率1.9の高屈折率ナノインプリント（NIP）樹脂を開発し、25年1月から提供を開始する。可視光領域での信頼性が求められるAR／VRなどの光学デバイス用途に対して適用拡大が期待される。近年はAR／VR向け導波路などの光学デバイス形成にUVナノインプリントプロセスが活用されており、なかでも視野角の拡大などを目的として、高屈折率な微細構造を形成する上で、高屈折率ナノインプリント樹脂の需要が高まっているという。

ただし、24年秋現在では、これら動きもややトーンダウンしてきたという話も耳にする。ウエーブガイド方式では、ディスプレーの輝度が足らず外光下での使用

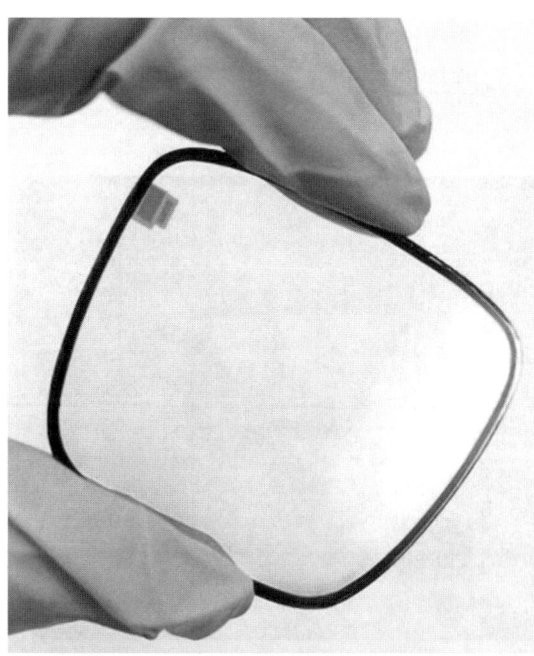

CellidのFOV60°のウエーブガイド方式ディスプレー（フルカラー）

が厳しかったり、ウエーブガイドそのものが高価格で品質に課題があることなどが指摘されている。

ディスプレーはOLEDoSが先行

ARデバイス向けでは、すでにフルカラー化が実現されており、カメラのEVF向けで市場実績があるなどの利点からOLEDoSが先行している。冒頭に述べた通り、OLEDoSはOLEDテレビ向けパネルのようにガラス基板上に有機EL発光層を形成するのではなく、シリコン基板上に形成するものだ。WOLED方式という有機ELで白色発光させ、CFでRGBの3色を表現する方式でしか製造されていない。WOLED方式ではなく、テレビパネルと同じRGBの塗り分け方式になれば、CFが不要になることや発光材料を多層化するタンデム構造も可能になるため、輝度向上が図れるとされており、ここにはSDCが注力している。

前述のXREAL Airシリーズ、ミルザ、Vision Proなどではソニー製のOLEDoSを搭載している。現状、高品質な画質にこだわるとおのずと同社のOLEDoSが選ばれるようで、ハイエンド製品を中心に採用を伸ばしているという。

OLEDoS自体はEVFで実績のあるディスプレーであることから、動画などの映像視聴には最適とされているが、OLEDゆえの課題である輝度不足がネックとなっている。XRデバイスに組み込んだ場合、外光下ではサングラス調（光が入らないように何かしらの覆いをする）にすることが必要になってくる。

このため、輝度の高いマイクロLEDのフルカラー化が待たれているが、中国のジェイドバードディスプレー（JBD）が「多色エンジン」を展開しているのみであり、実際のスペックの良し悪しが聞こえてこない状況だ。これまでのところ、マイクロLEDを搭載した機種では緑色の単色発光モジュールが採用されることが多く、映像視聴よりも数字などを確認する用途のようだ。さらに、製造面の課題から高価格にならざるをえないため、当面はコンシューマー用途のXRデバイスには搭載されにくいとの見方もある。

メタが発表したARグラスのプロトタイプ「Orion」には、マイクロLEDを搭載するという。発表されたデモ映像を見る限りではフルカラーのようだが、もしこのOrionが何年後かにコンシューマー向けに製品化されれば、マイクロLEDのフルカラー化は一気に進展していくだろう。

レーザーという選択肢

OLEoSは輝度に課題が、マイクロLEDはフルカラー化が難しく高価格といった状況で、半導体レーザーを搭載した光学モジュールが注目を集めつつある。RGBの半導体レーザーを、特

「Orion」ではフルカラーのマイクロLEDを想定しているようだ
（ホームページより）

殊な導波路を形成して合波させたもので、従来にない超小型モジュールを福島大学とTDK（導波路関連の開発はNTT）が開発し展開している。

特にTDKは24年10月に画期的なアップデートを発表したばかりで、今後の展開が期待される。レーザー光を導波・合波させる基板上にスパッタでニオブ酸リチウム（$LiNbO_3$）薄膜を形成することで、従来品よりも10倍以上高速に可視光制御ができるようにした。これにより、従来品では2Kまでの解像度が限界だったが、4Kまで高解像度化することができるようになるという。今後ASICなどを起こして小型モジュール化を進める。スパッタ法という量産に適した方法で製造できるため、お手頃価格なデバイスが実現できるという。

TDKのモジュールはQDレーザがアイウエア化しており、目の網膜に直接光を入れることで映像を見ることができる「網膜投影型」のARグラスを展開している。レーザー光は必ずしも網膜投影型である必要は無く、前述のウエーブガイド方式でも可能だが、ウエーブガイド方式の課題もクローズアップされるようになってきており、ARデバイスはまだこれといった解がない。様々な方式や素材、設計が提案されている状況で、今後の動向に注目していきたい。

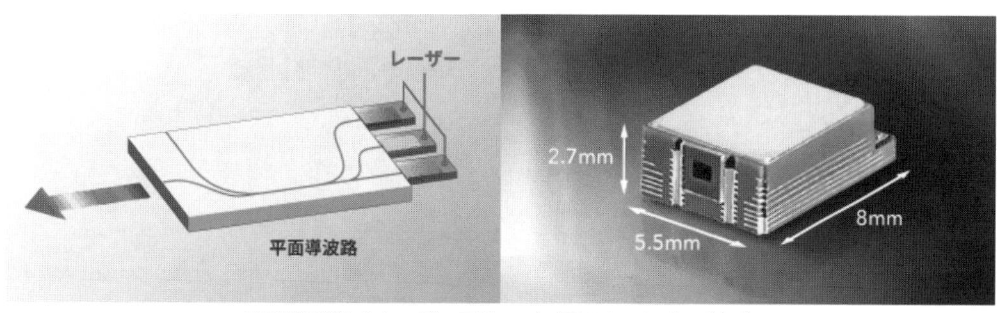

TDKが開発したレーザーモジュール（TDKホームページより）

第1章

XRデバイス動向

XRデバイス動向

XRデバイスのうち、VRヘッドセットはすでに市場を形成している。調査会社の米IDCによると、2020年のVR／ARデバイスの世界出荷量は約600万台、21年に巣ごもり需要により約1000万台にまで急成長したが、22年に加熱した需要が落ち着いて21年比20.9％減の約880万台となった。23年はさらに減少して22年比23.5％減となったが、年後半に至るまでの間ほとんどのメーカーが、それまでに販売していた旧製品に依存していたことがこの減少の要因となった。しかし、マクロ経済の不透明性による全体的な需要押し下げも、23年内に主要地域で回復が見られたことや年後半に新製品の発表があったことで、23年10～12月期は前年比約130％増と盛り返した。メタの新機種クエスト3の発売が貢献したという。

24年は1～3月期から減少が継続し、4～6月期は23年同期比28.1％減の110万となった。この傾向は続くと見られるが、24年通年では23年比1.5％減にとどまり、25年には41.1％増と急成長する見通しだ。

今後数年内の見通しとしては、24年に670万台となり、28年には2290万台に成長し、年平均成長率（CAGR）は36.3％になると予測する。ARとVRを融合したMRグラスが牽引して28年には7割を占めるという。

MRグラスという呼称はアップルがVision Proでできることを「空間コンピューティング」と表現したことでそれに倣うメーカーも増え、あまり使われなくなっている。また、それまでMRグラスの代表であったマイクロソフトのHoloLens 2が生産を終了するなどもあり、MRグラス＝空間コンピューターと言われるようになってきた。今後のアップルの製品化次第によるところは大きいが、MRはVRとARを融合した、高価格、屋内使用、マルチタスク（ゲームも仕事にも日常生活上の使用できる）が特徴のデバイスになると見られる。一方で、VRはMRと同じヘッドセットタイプのため、MRの廉価版としての位置づけやゲームやフィットネス向けといった用途でのデバイスになりそうだ。

市場形成が未熟なARデバイスについては、機種によりいくつかのカテゴリー分けがされるようになってきている。映像を視聴することを重視した「映像ビューア」タイプと（これはARグラスではないとする向きもでてきた）、それを簡素化して（ワイヤレス化して）眼鏡に近似させたタイプ、今後伸長すると期待されるAIARグラスである。AIARグラスはより眼鏡に近い形状で日常使いを目指すため機能を絞る必要があるが、メタを筆頭にいよいよ製品化に向けた開発が本格化、といった動きが見られる。

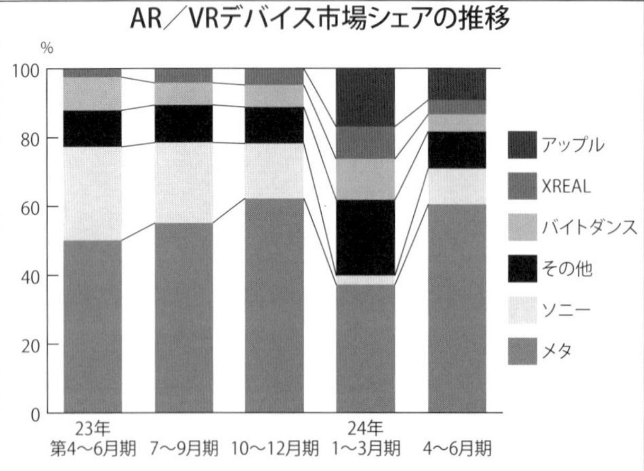

AR／VRデバイス市場シェアの推移

%

	23年 第4～6月期	7～9月期	10～12月期	24年 1～3月期	4～6月期

凡例：アップル、XREAL、バイトダンス、その他、ソニー、メタ

IDCの「2024 Q2 Historical ARVR Market Share」を元に電子デバイス産業新聞が作成

アップル

Apple Vision Pro登場

2023年6月、アップルは世界開発者会議(WWDC)にてMR(複合現実)ヘッドセットの「Apple Vision Pro(ビジョン プロ)」を発表した。2024年初頭から米で発売開始し、同年末から他国でも販売展開された。価格は3499ドル～で、日本では24年6月末ごろから販売され、価格は256Gで59万9800円となった。

ビジョン プロは「空間コンピューティング」との位置づけで、新しい専用の「Vision OS」を搭載する。新OSは空間コンピューティングの高速な処理速度に対応すべく、ゼロから設計されたという。電源接続時には一日中の使用が可能で、高性能の外部バッテリー接続時には最大で2時間の使用が可能だ。

同製品は、目の動きや手、音声によりコントロールすることができ、視線を向けるだけでアプリをブラウズできるほか、項目をつまむようにタップして選択したり、手首を上下左右に動かしてスクロールしたり、声で文字を入力することが可能だ。

高性能のアイトラッキングシステムは、ハイスピードカメラとLEDリングを用いてユーザーの両目に不可視の光のパターンを照射し、その反応を通じて直感的な入力操作を可能にした。

ソニー製とされるの2つのマイクロ有機ELディスプレーは、左右2つ合わせて2300万ピクセルの超高解像度で、4KTVよりも多くの画素数が左右の目一つ一つに与えられることになる。このマイクロ有機ELディスプレーと反射屈折レンズの組み合わせにより、鮮明な画像と、幅30mにも感じられるスクリーンを眼前に実現する。さらに、新開発したR1チップにより、ほとんど遅れの生じないリアルタイムな体験を提供する。

新しいR1チップは、12のカメラ、5つのセンサー、6つのマイクロフォンからの入力を処理し、コンテンツがユーザーの目の前に現れるような感覚を生み出す。R1は瞬きの8倍の高速速度を持つ12mm秒で、新しいイメージをディスプレーにデータストリームとして伝送する。

数年前から今度こそはと噂されていた、アップルのヘッドセットの発表がついに実現した。約60万円の価格はコンシューマー用途としては破格の値段で、ハイエンドPCのような位置

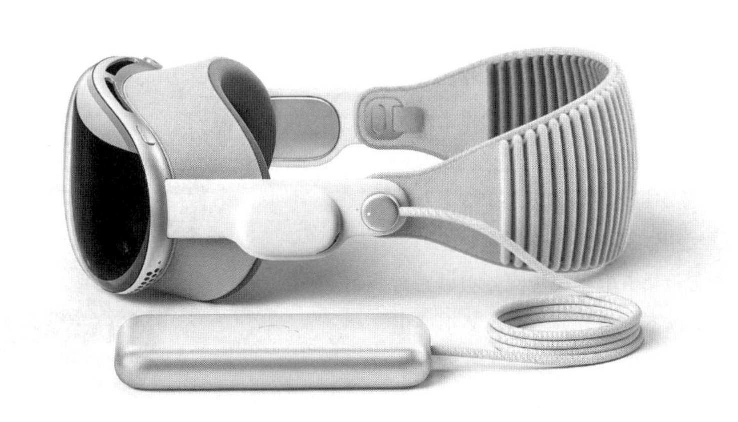

Apple Vision Proが上市された

アイサイト機能で周囲とのコミュニケーションもとれる

づけだ。「プロ」の名が付くように、クリエイターなど向けがまずは視野にあるのかもしれないが、今後これを、ポストスマートフォンとしてのグラス（メガネ）まで、どう落とし込んでいくのか、もしくはいかないのか、動向が注目される。

Vision Pro搭載のOLEDはAppleならでは

海外メディアや調査会社のレポートによると、Apple Vision Proのマイクロ有機ELディスプレー（OLEDoS）はソニーセミコンダクターソリューションズ製の1.4型で、コストは2つで456ドルと片目3万4500円ほどで、BOM全体の29.6%を占めるという。

VR／MRヘッドセットなど眼前にディスプレーを置いて映像などを視聴する場合は、FOV（Field of View）などの要件から2型以上が望まれる。2型以下の小型ディスプレーだと酔いが生じたり、映像が見えない部分が出てきたりなど視聴に困難が出てくるケースが多い。

ARグラスなどはより軽量化を図る狙いもあり0.XX型と1型以下が多く、このため小型化に優位なOLEDoS（逆に基板のシリコンウエハーサイズに律速されるため1型以上のサイズは生産に困難が生じる）の搭載が伸びているが、ある程度の重量になっても機能性や映像美を追求するVR／MRヘッドセットには2型以上のディスプレーが採用されているのが現状だ。

このため、Apple Vision Proが1.4型 のOLEDoSを搭載しているのは、OLEDoSの生産面でもヘッドセットの機能としても破格であり、Appleの機種だからこそできる価格と設計力が成せる業であると言える。

次世代のApple Vision〇〇については Vision Proが上市されたころから様々な憶測があり、価格を下げてコンシューマー向けに展開するものとみられている（もし次世代を出すのであれば）。このため、ハイコストなOLEDoSの価格を下げるためにソニー製は採用せず、他社のOLEDoSが候補に挙がっている。中国のSeeYa（シーヤ）、サムスンディスプレー（SDC）が有望視されており、当初は実績のあるシーヤにお声がかかったようだが、24年秋ごろではSDCが有力候補に挙がっている。SDCは、CES

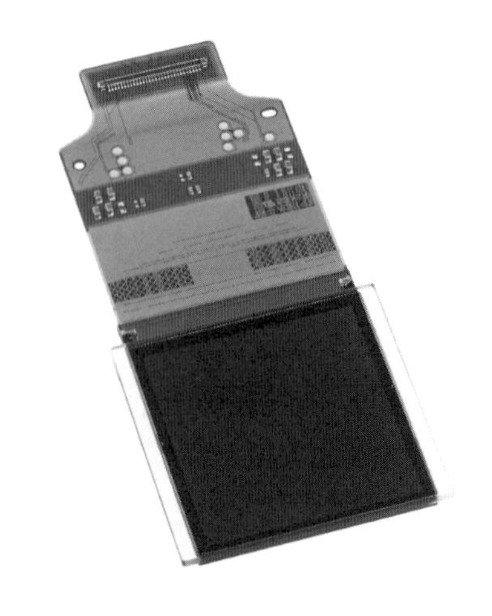
ソニーの1.3型OLEDoSは4Kの高解像度

2024でRGB塗分け方式で製造したOLEDoSを披露しており、マイクロソフトとOLEDoSの研究開発で業務提携したとされ、技術力を上げてきている。また、OLEDoSとは別に、ジャパンディスプレイ（JDI）がガラス基板で製造する小型OLEDのサンプルを、Appleに出荷したようだとの海外メディアの報道も出てきている。

グーグル

Glass Enterprise Editionを販売終了もARは継続

2023年3月、Googleは産業用途向けに展開してきた「Glass Enterprise Edition」シリーズの販売終了を発表した。しかし、同社のカンファレンス「Google I/O」のなかではARグラスの開発を進めていると述べており、24年の同カンファレンスのKeynoteでは、AIをスマートフォン（スマホ）やARグラスで活用する将来展望について触れるなど、XRデバイスの事業展開そのものを終了するわけではないようだ。

同社の、「OK、Google」と言えば動作するスマートグラス「GoogleGlass」は、先進的なデザインと未来的な操作感などで話題をさらった。しかし15年1月、同社はGoogleGlassのコンシューマー展開を止め、産業用途での道を模索すると発表。カメラを搭載して写真撮影ができたり、動画を録画できることなどがプライバシー侵害とされ、コンシューマー市場では受け入れられなかったことが要因とされている。そこから同社は、法人向けに特化した「Glass Enterprise Edition」を展開し、作業現場での指示出しなどのスマートグラスとして導入を進めていった。その後はまたコンシューマー用途での新製品を模索していると見られたが、19年に発表された「Glass Enterprise Edition2」も法人向けとなった。

「Glass Enterprise Edition2」は、法人向けや開発者向けに展開し、日本では、21年8月からNTTドコモが法人向けに発売すると発表した。同スマートグラスは軽さ46gと軽量かつワイヤ

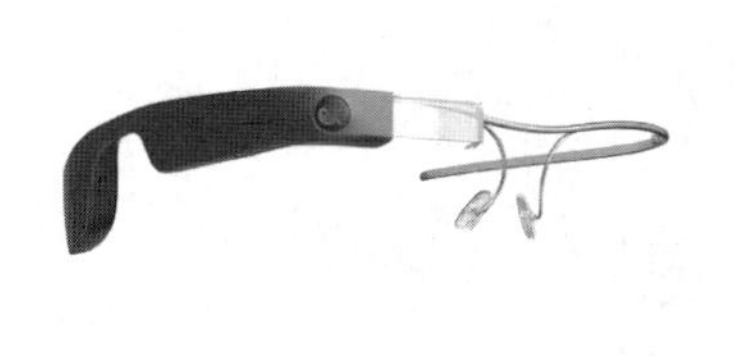

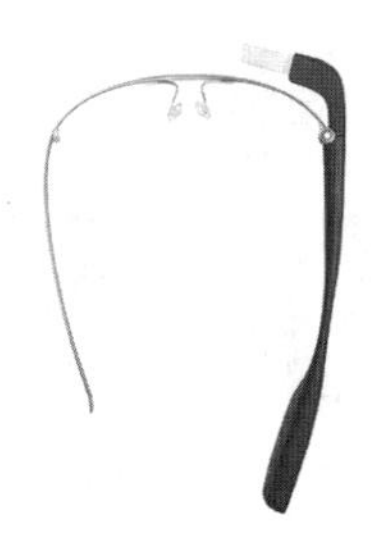

「Glass Enterprise Edition2」は法人向け

Google I/O 2024ではARグラスをかけてAIを活用する動画をアップ

レスながら、800万画素のカメラやタッチパッドなどを搭載している。遠隔作業支援用途などを想定し展開してきた。

このほかのEdition2のスペックは、CPUにQualcomm Snapdragon XR1を搭載し、内臓メモリー／ストレージは3GB／32GB、ディスプレーは640×360ピクセル（Optical Display Module）、バッテリーは800mAh（急速充電）でOSはAndroid。

カナダのNorth買収でコンシューマー用途展開

グーグルは、Glass Enterpriseシリーズのほか、VR向けにも端末やプラットフォームの提供を手がけてきている。このVR用途は徐々にシュリンクさせているものの、決してコンシューマー市場での展開をあきらめていないことは、同社の買収戦略にも表れている。

20年6月、グーグルはカナダ企業のNorthを買収したと発表した。Northは12年に前身となる「Thalmic Labs」を設立し、リストバンドタイプのジェスチャーデバイスコントロールアームバンド「Myo」を開発し展開していた。その後、まるでメガネそのもののような網膜投影型のスマートグラス「Focals」を開発し市場展開を図っていた。20年には次世代製品「Focals2.0」をリリースするとアナウンスしていたが、グーグルの買収により無くなった。グーグルは同社と研究開発を進め、新しいデバイスを開発していると見られている。

22年5月には、マイクロLEDを開発するス

NORTHの「Focals」（ホームページより）

タートアップ企業の米Raxium（カリフォルニア州）を買収したと発表した。グーグルのデバイス＆サービスチームに参加し、スマートグラスの応用展開を加速するとしている。

Raxiumのチームは、将来のディスプレー技術の基礎を築き、小型で費用効果が高く、エネルギー効率の高い高解像度ディスプレーの開発に5年を費やしてきた。同分野における技術的な専門知識は、ハードウエアへの投資を継続するうえで重要な役割を果たすという。

グーグルのデバイス＆サービス担当上級副社長のリック・オステルロー氏は、「Raxiumのチームが参加し、人々の日常生活を改善するために役立つデバイスとサービスを構築するという、私たちの目標をさらに推進できることを嬉しく思う」とコメントしている。

コンシューマー向けにデザインが洗練されたFocalsや、より小さなディスプレーデバイス（マイクロLED）の買収など、グーグルのコンシューマー用途への展開意欲が見受けられる。

ビュージックス

マイクロLED搭載ARグラス「Shield」

スマートグラスメーカーの米Vuzix（ビュージックス）は、単眼のスカウタータイプのVuzix M400、Vuzix M400C、Vuzix M4000のほか、2022年1月に発表した両眼タイプのVuzix Shield、コンシューマー向けのVuzix Bladeなどのスマートグラスを展開する（現在はShield、BladeともにBtoB、民生向けで展開）。

同社は1997年に創立し、長年にわたりスマートグラスやヘッドマウントディスプレー（HMD）を展開してきた。20年にマイクロLED搭載のARグラスを商品化する計画を表明し、21年には中国・上海に工場を持つマイクロLEDディスプレーの開発企業Jade Bird Display（JBD）と共同開発契約および相互供給契約を結び、JBDのマイクロLEDを組み込んだディスプレーエンジンを共同開発した。

22年1月、初のマイクロLED搭載（緑色単色）ARグラス「Shield」を披露するに至った。

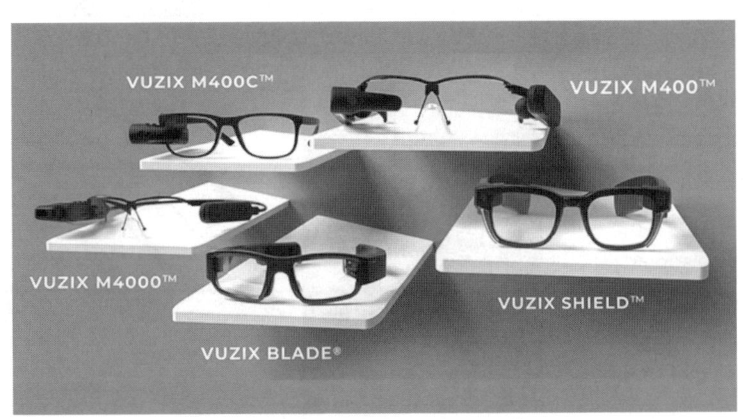

主に産業用途向けにラインアップ

Vuzix Shieldは企業向けで出発

22年1月、米で開催された展示会「CES 2022」でVuzix Shieldを発表し、22年後半の上市計画を明らかにした。同製品をVuzix Next Generation Smart Glasses (NGSG) と呼び、「企業顧客向けに制作した両眼光学シースルースマートグラス」と位置づけていた。

Shieldにはクアルコムのsnapdragon XR1プラットフォームを採用し(M400とM4000にも採用)、緑色の単色ながらもマイクロLEDディスプレー（マイクロLEDは1μmサイズ）を搭載し、先進の導波路技術(超薄型双眼鏡導波路)を用いることで光学性能と効率を大幅に向上させた。「サイズを小さくできた同社初の製品」という。スマートなワークフォースとARシステムを接続し、パフォーマンスと安全性、業務効率を最適化する。

また、テンプル（つる）にはステレオを搭載し、プライバシーを考慮して耳の上に配置。臨場感のあるサウンドを楽しみながら、周囲の音に気を配ることが可能だ。複数のノイズキャンセリングマイクにより、完璧な通話と音声／UIの統合が可能になるという。オンボードプロセッサーはハンズフリー操作を強化しており、内蔵するLTEセルラーオプションを介して携帯電話とワイヤレスで通信できる。音声を使用するか、タッチセンシティブアームをタップしてディスプレーをアクティブまたは非表示にし、デジタル世界への個別の接続を実現している。

Shieldを民生向けにも展開へ

24年3月、スマートグラスの「Vuzix Shield」を、ホームページ経由でコンシューマー向けでも販売開始したと発表した。同製品は同社の最も革新的で処方箋対応の「ARスマート安全メガネ」であり、マイクロLEDと導波管ベースのディスプレーによって可能になった、立体的な光学機能を搭載し、高効率なプロジェクターが屋内外で超高輝度の画像を提供する。ワイヤレスで、内蔵バッテリー、ステレオ、2つのHDカメラ、クアルコムのプロセッサーを搭載している。

ユーザーは、写真を撮ったり、バーコードをスキャンしたり、作業指示や通知を受け取ったり、遠方の専門家に見ているものとのストリーミングすることができる。また、長時間着用しても快適なように、軽量で人間工学に基づいたフォームファクターを備えた。

カメラはバーコードスキャナーとしても機能

「Shield」は単色（緑）マイクロLEDを採用

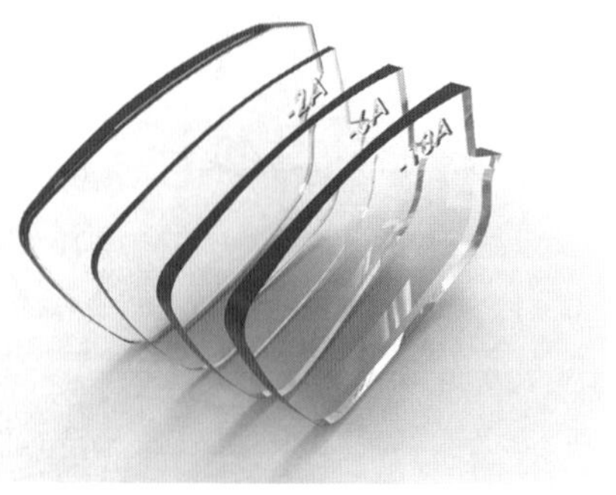
視力補正処方を備えた導波路生産も

し、AIによる環境認識、リアルタイム入力、タスクと周囲の職場の危険の両方に関するフィードバックをサポートする。リモートサポートも可能で、現在は医療、物流と輸送、フィールドサービスや検査など、様々なユースケースに対し導入されている。

民生向けBladeをBtoBでも展開

22年8月、BtoB向けの新型スマートグラス「Blade 2」を発売した。Webサイトを通じて米国、EU、カナダ、日本に販売する。価格は1299.99ドル。

19年に上市した前機種のBlede SmartGlassはコンシューマー用途だったが、後継機ではB2B用機能を追加した。

新製品は、Bladeシリーズとして第3世代品にあたる、シースルー型ARグラス。クアルコムのプロセッサーを搭載し、Android 11で、様々なエンタープライズ向けアプリをサポートする。480×480のカラーディスプレーを搭載し、腕の長さの視野先に6インチ相当の映像を投影できる。

40GBのストレージと強化されたセキュリティー機能を備えており、Wi-FiとBluetoothによる接続オプションに対応して、2.4GHzと5GHzの両方への接続をサポートする。工業用メガネの規格ANSI Z87.1にも対応しており、視力矯正用のレンズを搭載することも可能だ。

「Blade2」は産業用途で展開

導波管のメガ製造施設を整備

23年9月、最新鋭のメガ製造施設において社内向けとOEM向けの導波管の認証を取得し、サンプル出荷を開始したと発表した。同製造施設は本社に隣接し、1万2000平方フィートのクラス1000とクラス1万のクリーンルームを擁している。

新施設は、本社にある約1万平方フィートの生産施設を補強するために整備された。生産能力の大幅な向上と製造コストの低減に加え、高屈折率な材料、先進的なガラス基板、独自の配合技術の開発にも注力する。また、迅速な仕様決定から設計、金型製作、複製とテスト、システム・インテグレーション、導波管製造まで幅広い社内能力を備えることで、小型〜大型の導波管設計が可能になる。

この導波管製造施設は、数十億ドル規模が見込まれるAR（拡張現実）スマートグラス市場だけでなく、車載用ヘッドアップディスプレーといった大規模市場への対応も可能だ。同社社長兼CEOのポール・トラバース氏は、「この施設が設計から生産まで、当社の長年の導波管に関する専門知識を最大に活用した唯一無二の生産施設であると確信している。導波管はARウエアラブル業界にとって基本的な基礎技術であり、この施設は導波管を大量かつ業界トップクラスの競争力のあるコストで製造するために一から設計・建設された」とコメントしている。

サンプル出荷された初期の導波管は、同社のウルトラライトOEMプラットフォームをベースとした製品に搭載されることを目標としており、新施設では、製品需要の増加に応じて建物の残りの2万7000平方フィート分をリースする計画もある。

光学エンジンの供給拡

大に向け、光導波路の将来見込まれる数百万ユニットに対応するべく製造装置を拡張した。また、22年5月にマイクロLEDディスプレーソリューションを開発する仏Atomistic SASと契約を結んだことで、カスタムバックプレーンの設計などで協業し、先々はマイクロLED向けにも増産対応をとる計画だ。

中国マイクロLED企業と提携

21年1月、中国のJBD（ジェイドバードディスプレー）と共同開発契約と相互供給契約を締結。ビュージックスの光導波路にJBDのマイクロLEDを組み込んだディスプレーエンジンを共同開発し、両社の顧客へ相互に供給していく。開発したディスプレーエンジンは世界最小であり、光導波路はプラスチックまたはガラスを選択できるという。なおこれは、22年1月に発表したShieldに採用された。

21年5月には、JBD製マイクロLEDパネルをベースにしたプロジェクションエンジンを商用可能にしたと発表した。自社製ARスマートグラスへの搭載を予定しているほか、ヘッドアップディスプレー（HUD）やヘルメット、ピコプロジェクターなど他の用途にも展開できる。同エンジンには、マイクロLEDパネルのほか光学プロジェクション、エンジンアセンブリーで構成されており、透過型のウェーブガイドとペアリングするように設計され、エンジン全体のサイズは鉛筆の消しゴムの立方体とほぼ同じになっている。

JBDに先んじて、18年8月にマイクロLEDメーカーの英プレッシーと業務提携を発表している。プレッシーはもともとGaN on Silicon技術をベースにしたLEDチップメーカーとして設立され、当初は照明用にLEDチップやLEDパッケージ技術を開発していた。18年1月にはGaN on Siliconベースのモノリシック型マイクロLEDディスプレーを18年上期中に市場投入すると発表し、米ラスベガスで開催された「CES 2018」では、同ディスプレーを用いたHUDを展示した。

調査会社のDSCCによれば、スマートグラス向けのマイクロディスプレーのなかでも、最大の市場を形成すると予想されるのがOLEDoS(マイクロ有機EL)だという。もう1つの新ディスプレー技術として期待されるのがモノリシック型のマイクロLED（シリコンウエハー上にRGBの画素を形成するタイプ）だ。LEDの製造に300mmシリコンを用いるGaN on Silicon技術の開発も進められている。

エンジンサイズは鉛筆の消しゴムと同等

仏マイクロLED企業とも協業

22年5月、マイクロLEDディスプレーソリューションを開発する仏Atomistic SASと契約を結んだ。独占的ライセンスを受け、カスタムバックプレーンの設計などで協業する。また、技術の達成度合いに応じて、ビュージックスが関連企業を買収する機会も提供する。

Atomisticは、同一ウエハー上でRGBを発光させるモノリシック型の技術や、300mmウエハーでCMOSバックプレーンを提供する技術を持つ。ビュージックスのシースルー導波路を組み合わせてディスプレー化し、ARグラス向けのフルカラーディスプレーとして実用化を目指す。

ビュージックスの社長兼CEOであるポール・トラヴァーズ氏は「共同開発したソリューションは、ビュージックスの独自製品に搭載されるとともに、将来はサードパーティのOEMにもグローバルに提供する」と述べ、外部にも供給していく考えを示した。

マイクロソフト

SDCとOLEDoS開発で協業か

2024年8月、米マイクロソフト（MS）が開発中の次世代MRヘッドセットに対し、韓国のサムスンディスプレー（SDC）が有機ELマイクロディスプレー（OLEDoS）を開発・供給する契約を結んだと、複数の海外メディアが報じた。この機器が公開されるのは早くて26年だという。

供給するOLEDoSの具体的なスペックやサイズ、数量は明らかになっていないが、数十万台規模と報じているところもある。シリコンバックプレーンをサムスン電子のシステムLSI事業部が設計し、サムスンのファンドリー部門で製造。これにSDCが白色有機EL発光層を形成して封止し、再びシステムLSI事業部でカラーフィルターやマイクロレンズアレイを実装するもようだ。

MSは、3Dグラフィック映像を現実世界に重ね合わせて表示できるMRヘッドセット「Hololens（ホロレンズ）」を開発・商品化したが、第3世代品の開発を中止したといわれており、現在はHoloLens 2のサポートに特化。開発中の次世代MRヘッドセットは、主にゲームや映画などのコンテンツを楽しむエンターテインメント端末になると噂される。

「HoloLens2」の生産を終了

しかし、24年10月には「HoloLens 2」の生産を終了したことを明らかにしたと海外メディアが報じた。今後のHoloLens 2のサポートに関しては、「重大なセキュリティ問題とソフトウェアの不具合に関する更新」については27年12月31日まで提供されるとし、後継機や次世代機の開発の計画は無いもようだ。

一方で、Hololens技術をベースに軍事向けに展開するIVAS（Integrated Visual Augmentation System、統合拡張視覚システム）に関しては継続していくという。先のSDCとのOLEDoSの開発については、軍事向け製品の性能向上を視野に入れたものとみられる。

MSは19年に、米陸軍とHoloLens技術をベースにした複合現実ヘッドセットの製造契約を

IVAS向けにHololens技術をベースに開発（MSホームページから）

締結している。前年の18年に、陸軍から4億8000万ドルの契約を獲得し、兵士の訓練やリハーサル、戦闘を支援すための、HoloLens技術をベースにした複合現実ヘッドセットを開発している。兵士たちはバージニア州フォートピケットで2年間にわたって試作品をテストしたという。最大218億8000万ドルに達する可能性がある契約であり、MSはまずシリコンバレーの製造施設で兵士用のヘッドセットを12万台以上生産すると発表。この5年間の契約はその後さらに5年間延長される可能性がある、と21年の発表時に明らかにしている。

HoloLensで産業用MR市場の創出

同社は、16年3月にMR（複合現実）を実現するデバイス「HoloLens」の第1世代品を発売した（日本では17年)。HoloLensはワイヤレスな一体型（スタンドアローン）のヘッドセットで、CPUやGPU、バッテリー、オーディオなどがすべて搭載されている。発売当初は、MRという言葉の認識も少なく、VR（仮想現実）なのか、AR（拡張現実）なのか？という議論がされることさえもあった。MRの言葉、概念や市場は、まさに同社が切り開いてきたと言える。HoloLensは産業用途（B2B、B2B2C）での展開を想定して開発されており、これまでに製造業や建築、アミューズメントなどの業界で採用されてきている。

19年2月には、2号機の「HoloLens2」が発売され（18年にHololensは生産終了、サポートは24年まで継続)、MR市場を牽引する機種となった。初号機同様に単体で稼働するコンピューターになっており、Windows 10が標準装備されている。オールインワンのヘッドセットだが、いわばエッヂ側のデバイスのため、スペックが足りない場合は同社のクラウド「Microsoft Azure（アジュール)」と連携してクラウド上で処理した情報を表示することもできる。

ディスプレー含む光学系には、導波路に光学シースルーホログラフィックレンズを採用、レーザー＋MEMSミラーの走査型ディスプレーでフルカラーの2.5K。重さは566g、バッテリー駆動時間は連続で2～3時間、Qualcomm Snapdragon 850プラットフォームを搭載している。前面部分に環境認識のための赤外線センサー1つとRGBのカメラを4台搭載し、リアルタイムに現実空間をスキャンして情報を取り込むことができる。赤外センサーにより、手のジェスチャーを検知して動作させることも可能だ。

ヘッドセット内側には、初のアイトラッキングセンサーカメラを搭載し、詳細に眼球の動きを読み取ることができる。例えばWEBブラウザのスクロールも目の動きだけで操作することもできる。このアイトラッキングの技術は、Windows Helloという同社の生体認証の技術が応用されているという。

産業用途に特化する同社の強みは、やはり法人市場でディファクトとなっているWindowsがフル活用できる点にある。様々なオフィス製品との連携が取れ、クラウドサービスのアジュールとの連携や、アクティブディレクトリなど、セキュリティー面での信頼性や社内システムとの親和性の高さが大きな利点となっている。

産業市場（法人向け）では、工場現場のフロントワーカー向けや、オフィスの生産性改革といったインフォメーションワーカー向け市場（B2B)、博物館やアミューズメントパークといった市場（B2B2C）をターゲットに導入と市場開拓を進めている。将来的には、コンシューマー用途での開発と製品展開も視野にあるが、現状XR（VR／AR／MRの総称）デバイスは、今後普及していくフェーズの市場であるため、まずはMRの法人市場の創出と形成に注力するとしていた。

日本企業も導入

HoloLensは製造業や自動車産業、人口などの関係からアメリカが最も大きな市場だった。製造業や自動車産業が多い日本市場も重要市場であり、アメリカに次ぐ大きな市場だという。採用事例としては、日産自動車で現場スタッフが作業手順を自習できる「インテリジェント作業支援システム」として、MRを活用する取り組みを進めている。EV専用パワートレインの生産ラインでは、現場スタッフがモーターの目視検査出品質チェックを行っているが、このための技術習熟トレーニングでHoloLensを装着し、実際のモノと重なる3D画像での手順出しなどで自主学習を行った。これにより、時間や場所の制限が減少したことから、習熟期間の半減（10日→5日)、指導者の教育時間の90％削減を実現し、かつ指導者のスキル向上にもつながったという。

このほか、北海道電力では、発電所内の巡視点検業務を支援するために導入された。さらに、医療向けでも採用が始まっている。順天堂大学が導入し、医師と患者がそれぞれHoloLensを装着し、患者はキネクトシステムで身体の3D画像を送り、医師がHoloLensで立体的な患者の様子を診ることで、より詳しい身体情報が必要となる診療に役立てている。

メタバースは重視、アプリやプラットフォーム開発

メタバース（空間）については非常に重要な市場と捉えており、Feelpresence（存在を感じ

HoloLens2は産業用途で展開

る)、Experience together(一緒に経験する)Connect from anywhere(どこからでもつながる)をコンセプトとした空間づくりを進めている。

3DやMRの技術を用いて、遠隔地にいる人々とのコラボレーションやコミュニケーションを図ることを目指し、メタバースプラットフォーム「Microsoft Mesh」を開発した。同システムはMSが提供する「Teams」やPC、メタ・プラットフォームズ(メタ)が展開するVRヘッドセット「Meta Quest」シリーズからもアクセスすることができる。

例えば、Teamsではメタバース空間(3D没入型スペース)が提供されており、Teams会議の中で自分のアバターを使って参加したり、3D空間の中でアバター同士がコミュニケーションを図ったり共同作業をすることができる。以前はHololensにてMeshの活用がテストされていたが、Questシリーズでの運用に切り替えたもよう。

24年1月に、TeamsでのMeshの一般提供を発表している。AIを活用してアバター作成プロセスを最適化し、仮想コラボレーションを強化するように設計した。24年1月の時点では、自分の写真を撮影またはアップロードするだけで、AI対応テクノロジーによって自分を表すアバターが作成される機能が追加された。

24年7月には、すべてのTeams会議に組み込まれている3D没入型スペースで自分を表現する方法をアップデートした。アバターができる反応を追加したことで、会議中に自分を表現することができるという。また、PCやMeta Questだけでなく、Mac(Apple)からのアクセスについても一般提供が開始された。

写真撮影して自分のアバターを作成できる

様々な人種のアバターの作成が可能になった

メタ・プラットフォームズ

ARグラス「Orion」はマイクロLED採用

メタ・プラットフォームズは、自社カンファレンス「Meta Connect 2024」で、ARグラスの「Orion」と、VRヘッドセットの新機種「Meta Quest 3S」を発表した。

「メタはARグラスを開発しました」との第一声で明らかにしたのは、ARグラスの「Orion」。これはプロトタイプで、発表から24年内にかけてメタの従業員と一部の社外の人々に提供するという。

重さは100gを切り、やや厚めのフレームの縁には、7つの極小カメラとセンサーを埋め込んだ。操作は音声、視線、ハンドトラッキングとEMG（筋電図）リストバンドを組み合わせて使用する。EMGリストバンドを装着していれば、腕を身体の横におろした状態でも、スワイプ、クリック、スクロールなどの操作が可能で、現実世界で周りの人とつながりながらもデジタルコンテンツを利用することができるという。開発チームはフィードバックをもとに改良を重ね、コンシューマー向けのARグラス製品ラインを構築し、近い将来コンシューマー向けARグラスを発売したいとの考えを明らかにした。

その他のスペックは、視野角約70°とARグラスでは最も広範囲の視野角を実現。ガラスではなく初めて炭化ケイ素という素材でレンズを製作することで実現したという。炭化ケイ素は非常に軽量で、光学的アーチファクトや迷光が発生せず、屈折率が高いという特性を備えてい

Orionは厚めのフレームでも素材で軽量化

7つのカメラとセンサーを埋め込んだ

Orionと組み合わせるリストバンド

るという。導波管自体は、広視野角に必要な光の回折または発散ができるように非常に複雑なナノスケールの3D構造をしており、プロジェクターは非常に小型で電力効率も優れているマイクロLEDを採用した。

またフレームは、F1のレーシングカーや宇宙船に使われているマグネシウムで製作した。マグネシウムは軽量でありながら硬く、光学素子の配列を保ちながら効率的に熱を発散させることができるという。

Orionは、現代のコンピューティングのあらゆる分野における画期的な発明の結晶であり、Reality Labsによる過去10年間の取り組みがその土台となっているという。しかし、主流となるコンシューマー向けARグラスには、2つの大きな障壁があると今後の見通しや課題についても述べた。それは、コンパクトなメガネのフォームファクターに大きなディスプレーを搭載するための技術的なイノベーション、そしてARグラスで実現できる実用的かつ魅力的なAR体験の必要性だという。そして、今後以下のことに注力していく。①グラフィックがさらに鮮明になるようにARディスプレーの品質を向上させる、②フォームファクターのさらなる小型化のために最適化をできるだけ進める、③より手頃な価格で提供できるよう生産規模を拡大する、とした。

今後数年間のうちに、これまでの研究開発の成果をもとに新しいデバイスが登場する予定で、Orionにおける多くのイノベーションを、現在のコンシューマー向け製品や、今後の製品にも応用していく。例えば、Meta Quest 3SとOrionの両方で動作する空間認識アルゴリズムの一部を最適化しており、視線やわずかなジェスチャーによるインプットシステムは、元々Orion用に設計されたものも、今後の製品にも活用する予定だ。さらに、EMGリストバンドのテクノロジーも将来のコンシューマー向け製品に活用することを検討している。

Ray-Ban MetaはAI機能をアップデート

また、メタがレイバンとコラボして開発したスマートグラス「Ray-Ban Meta スマートグラス」については、AIを強化することを発表した。Ray-Ban Meta スマートグラス（日本未発売）と、スマートアシスタントMeta AIとの連携により、スマートグラスの体験をさらに向上させていくという。Spotify、Audible、iHeartを新たに統合できるよう取り組んでおり、より会話的で自然な体験を実現すべく、指示のたびに「Hey Meta」と言う必要を無くしていく。スマートグラスが物事を記憶する手助けをする機能も追加し、例えば、飛行機で旅行に行く際に、スマートグラスが駐車場でどこに駐車をしたのかを記憶してくれるという。さらに、今後はリアルタイムで会話を翻訳できるようになり、スペイン語、フランス語、イタリア語を話す人と会話しているとき、スマートグラスのオープンイヤースピーカーから話の内容を英語で聞くことができるようになるという。将来的には、この機能をさらに便利にするためにより多くの言語のサポートを追加する予定だ。

さらに視覚障がい者や低視力者と目の見えるボランティアをビデオ通話でつなぎ、目の前の状況を説明してもらうことができる無料アプリBe My Eyesと提携する。このスマートグラスより、ボランティアの方は、目が不自由な方の視点を簡単に確認し、周囲の状況を伝えることができるようになるとしている。

エントリーモデルの「Meta Quest 3S」

VRヘッドセットのエントリーモデルとして新機種「Meta Quest 3S」を、24年10月15日（日本時間）から128GBモデルの4万8400円（税込み）と256GBモデル6万4900円（同）の2種類を展開する。既存のハイエンド機種Meta Quest 3の512GBモデルは、最も手頃なQuest 3Sよりも4倍の容量を持ち、さらに最先端のパンケーキレンズと広視野角の4Kを超えるInfinite Display（1眼あたり2064x2208の解像度の2つのディスプレーとメタのInfinite Display光学スタックとを組み合わせたもの）を搭載した、Metaの最も優れたヘッドセットであり続けるとしつつ、価格を9万6800円から8万1400円に引き下げた。なお、Quest 3の512GBモデルの価格を引き下げるのに伴い、現在の128GBモデルは価格を6万9300円に引き下げ、在庫がなくなり次第販売を終了する。

また、Meta Quest 3Sの発売に伴い、Meta Quest 2とMeta Quest Proの販売を終了する。24年内もしくは在庫がなくなるまでの販売となる。

Meta Quest 3Sは、Meta Quest 3と同じ機能を備えている。Qualcomm Technologies社と共同開発したSnapdragon XR2 Gen2プラットフォームを搭載し、高解像度でフルカラーの複合現実により、物理世界と仮想世界をシームレスに融合することができる。また、ハンドトラッキングによる自然な操作と、Touch Plusコントローラーによる正確な操作の両方を利用できる。エンターテインメント、フィットネス、ゲーム、仕事、ソーシャル体験など、Meta Horizon OSで利用可能なあらゆる体験にアクセスでき、ヘッドセットは定期的にソフトウエアのアップデートがなされる。Meta Quest 3とQuest 3Sはとの主な違いは、ヘッドセットのデザイン、フレネルレンズ、そして視野角が狭いことだという。

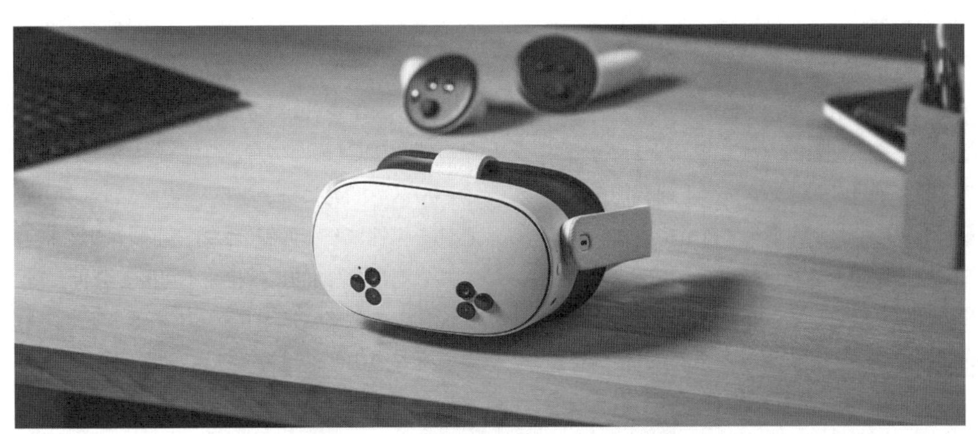

エントリーモデルの「Meta Quest 3S」を発売

AR／VR関連事業は長期的視点で

AR／VRやメタバース関連事業を担うReality Labs部門の2024年第2四半期（4～6月期）の売上高は、前年同期比28％増の3億5300万ドル、営業損失は45億ドル（前年同期は37億4000万ドルの赤字）となった。

ヘッドセットのQuest（クエスト）シリーズの売り上げが増収に貢献した。一方で、在庫費用の増加と人員関連費用で経費が同21％増加となり、赤字幅が広がった。ヘッドセットは23年10月に上市したメタ クエスト3の売れ行きが引き続き好調で、サングラスブランドのレイバン（仏EssilorLuxottica傘下）とコラボしたレイバン・メタ・スマートグラスも堅調に推移しているという。市場の需要、購入者の使用状況やその定着率の数値を見ると、ARグラスの長期的な可能性に対して確信を高められるものとした。

同社会長兼CEOのマーク・ザッカーバーグ氏は「レイバン・メタ・スマートグラスは、AIを搭載した影響もあり、予想以上に早くヒットしている。我々の製造能力を上回る需要があり、EssilorLuxotticaはこの製品に取り組む上で素晴らしいパートナーであり、将来世代のAIメガネを作るために長期的なパートナーシップを築いていきたい」とコメントした。

また、「クエスト3の売れ行きも我々の予想を上回っており、この価格で最高のMRヘッドセットというだけでなく、市場において最高のヘッドセットだからだ」と自信を見せた。ゲームだけでなく、一般的なコンピューティング・プラットフォームとしてクエストの機能を活用する人が増えており、ビデオ鑑賞やウェブサイトの閲覧、仮想デスクトップによるPCの拡張などに時間を費やしているという。

同部門についてザッカーバーグ氏は、「長期的視点で投資する」事業と位置づけており、AIと同様に、今後も多額の投資を継続していく取り組みの1つで、これらにより次世代のコンピューティングプラットフォームを構築していくとしている。「24年も野心的かつ長期的な取り組みを推進していく」としており、「AR／VR関連のデバイスについては、以前は全面ディスプレーとホログラム映像により臨場感を提供するものになると捉えていたが、AIアシスタントが組み込まれたスマートグラスが牽引する形で、ホログラムや臨場感といった機能が追随していくものになる」とAIとAR／VRデバイスとの融合についての構想を明らかにしている。

マイクロディスプレーにも投資

20年にはマイクロLEDディスプレーを開発・製造する英・プレッシーとの協業を発表しており、メタが開発を進めるARグラスに独占供給するとみられている。16年にもアイルランドのマイクロLEDベンチャー、InfiniLEDを買収しており、以前から同技術には関心を寄せていたことが分かる。

調査会社のIDCによれば、VRヘッドセットの世界出荷数は22年1～3月期に前年同期比で242％にまで急増したという。22年の出荷台数は、通年で27％増の1390万台に達する見込みで、さらなる成長を見込んでいる。

22年1～3月期の市場の90％を獲得したのはメタで、HMDの「Quest 2」が引き続き絶大な人気を誇った。ハードウエアに補助金を出しながら専用コンテンツを提供し続けていることでよりシェアを伸ばしたと分析している。

一方、IDCはメタの戦略に懸念も示した。メタバースの開発に資金を投じ続けているが、収益性を犠牲にして低価格のハードウエアを推進する戦略は、長期的には持続不可能と分析した。反面、この戦略にはメリットもあるともしており、メタの生産性重視のヘッドセットが、より高い収益を生むハードウエアに向けた同社のピボットへの出発点となることで、平均販売価格の上昇と大幅な技術向上をもたらし、これが業界全体のエンドユーザー価格の高揚にもつながるとの見方も示している。

Reality Labsが光学系の薄型化技術を発表

20年7月、メタの研究部門であるReality Labsは、小型・軽量のVRヘッドマウントディスプレー（HMD）を公開した。薄く平らなフィルムのみを光学部品として使用し、ディスプレーの厚さを9mm以下に抑えつつ、一般的なVR-HMD製品と同等の視野を実現した。

一般的なVR-HMDは現在、LEDなどの光源、液晶などの表示パネル、プラスチックレンズなどの光学部品で構成される。光源と表示パネルは軽量・小型化が進んでいるが、光学部品の軽量化が進んでいない。それに対してFRLは、光学部品の部分に、ホログラフィック光学系技術と偏光ベースの光学的折りたたみ技術で置き換えた。

ホログラフィック光学部品は、レンズのように光を曲げることができ、かつ薄くて透明なステッカーのような形状であるため、厚みと重さを大幅に軽減した。しかし、視野光学系全体が大きくなるため、ピントを合わせるには、表示パネルとレンズの間にかなりの空きスペースを作る必要がある。そこで偏光技術を利用して、光を折り返させることで必要なスペースを小さくすることに成功した。

小型・軽量化に成功したことで長時間の使用が可能となり、新たな用途が生まれると期待を寄せており、開発品を「軽量、快適、高性能なAR／VR技術への将来的な発展を示すもの」としている。一方で、まだ研究開発段階であるともしており、今後は性能の確認などを進め、実用化へ改良点を洗い出していくとした。同社のこのホログラフィック光学系を用いた薄型HMDの発表は、パンケーキ構造と呼ばれる光学系とホログラフィック光学部材、レーザーバックライトLCDを用いた初のデバイスとなった。

22年6月には、最新のVRディスプレー研究開発に焦点をあてたイベント「Inside the Lab」を開催し、研究開発の詳細と視覚的な臨場感をより感じられるように設計された、一連のヘッドセットのプロトタイプについて紹介した。

これまでに開発してきたプロトタイプ

現在、提供しているVRヘッドセットで体験できる3D映像は進化しているものの、現実世界で見るものとはまだ異なる点が多くあるとし、CEOのマーク・ザッカーバーグ氏が21年秋に説明したメタバースにおけるビジョンを実現するためには、これまでにないタイプのVRディスプレーシステム、つまり現実世界と同じくらい鮮やかで詳細な視覚体験を提供できる、非常に高度で軽量なディスプレーを構築する必要があるとした。

そして、VRヘッドセットに表示されたものを現実世界と見分けられるかどうかを判定する「ビジュアルチューリングテスト（Visual Turing Test)」と呼ばれるテストをクリアすることがVRディスプレー研究の最大の目標とした。

山積する課題についても明言

また、Reality Labs Researchのディスプレーシステム研究（DSR）チームは、過去8年間にわたり（22年時点)、ビジュアルチューリングテストをクリアするために必要な4つの主要課題、①フォーカス、②解像度、③歪み補正、④ハイダイナミックレンジ（HDR）に取り組み、それぞれ対応する一連のVR研究プロトタイプを構築してきたという。

目標は、これらの技術をすべて、現存するどの製品よりも軽くて薄いデバイスに収めることで、これまでで最も薄く、最も軽いフル機能のVRヘッドセットのプロトタイプ「Holocake 2」を開発した。最終的には、これらの技術をすべて統合し、ビジュアルチューリングテストをクリアするために必要な視覚的要素を、快適に利用できるヘッドセットに統合することが目標とした。

そして、いくつかある課題についても明らかにした。その中で、視覚的リアリティを目指すDSRが直面している課題は、「ビジュアルチューリングテストの突破に必要な技術は、特にコンシューマーヘッドセットにおいてはまだ存在しない」ことと明言。QuestやQuest 2が作り出す3Dの視覚体験には説得力があるものの、まだ現実世界での体験に対抗することはできないという。

また、解像度については、VRヘッドセットは最も横幅の広いモニターと比べてもはるかに視野が広く、使える画素を2Dディスプレーよりもずっと広い面積に並べなければならないため、画素数が同じでも解像度が低くなってしまうことを指摘した。

例えば、視力1.0の人間の視野全体を埋めるには横方向に1万3000画素が必要で、これは既存のコンシューマーディスプレーを圧倒的に上回る（人間の目は視野全体を高い解像度で知覚することはできないため、現状はそこまで悪いわけではないものの、問題が大きいことに変わりはないという)。このため、膨大な画素が必要になるだけでなく、画素の質も上げなければならないが、現在のVRヘッドセットは、ノートPC、TV、スマートフォンと比べて輝度とコントラストが大幅に低くなっていることから、2Dディスプレーで当たり前になっているレベルの精細で正確な表現をすることができないという。

加えて、現在のVRディスプレーで使われているレンズでは、VR画像が歪み、現実感が薄れることがあるという。ソフトウエア側で歪みを完全に補正してやれば問題ないものの、目が向いている方向が変わるたびに歪みが変わるため、補正が難題になってくる。さらに、この歪みとヘッドセットの重さによって一時的な不快感や疲労が生じることがあるため、ヘッドセットを長時間着けているのは簡単ではない。さらに、どの距離でも適切にピントが合うか、という問題があり、この問題は現在の開発の核となるテーマであるとしている。

JDIがHOE＋レーザーBLUの研究発表

㈱ジャパンディスプレイ（JDI）は、VR向けに液晶ディスプレー（LCD）の開発や市場展開に注力しており、すでに1200ppi以上の高精細なLCDを展開している。「Oculus Quest（Meta Quest）」シリーズのLCDサプライヤーとも言われている。

同社は、22年5月に米国で開催されたディスプレーの国際学会「SID Display Week 2022」において、「偏光レーザーバックライト及びホログラフィック光学系を用いた薄型軽量ヘッドマウントディスプレイ（HMD）」について発表している。HMDに搭載する光学系を薄型化する技術で、映像を出力するLCD（液晶ディスプレー）と目の距離を短くすることができ、HMDの軽量・薄型化に貢献するもので、メタが20年に発表した研究成果よりも薄型化を達成しているようだ。HMDは、長時間利用するための疲労やストレスを軽減するために、サングラスのように薄く軽いものが求められている。それを実現する技術として20年にメタが発表したが、JDIでは、偏光レーザーバックライト技術とホログラフィック光学部材（HOE）を用いて、パンケーキ光学系とレーザーバックライト（BLU）の組み合わせが抱える、光利用効率が低いという課題にアプローチした研究結果を発表している。26年度の実用化に向け、さらなる薄型・軽量化を目指すという。

メタでは、現状、QuestシリーズなどのVRヘッドセットを展開するが、最終的にはコンシューマー用途でサングラスのような薄型・軽量なAR／MRグラスを目指すとしている。JDIでも、コンシューマー用途で標榜されるデバイスに搭載可能なディスプレーを開発していくとしている。

HTC

スマホメーカーがメタバースに注力

台湾のスマートフォン（スマホ）メーカーHTC（宏達国際電子股份有限公司）は、2015年に米Valveと共同開発したSteamVR対応のHMD「VIVE」を発表した。以来、VRヘッドセットの「VIVE Pro」「VIVE focus」「VIVE Cosmos」「VIVE Flow」などVIVEシリーズを展開している。

調査会社の米IDCによれば、2022年1～3月期のVRヘッドセット市場の90％シェアを獲得したのは米メタのMeta Quest2で、続いて中国Picoが4.5％を、これらの他はDPVR、HTC、iQIYIが合計で4％未満を獲得したという。

HTCは、18年にスマホ部門の一部をGoogleに売却。これにより、Googleは自社スマホ「Pixel」シリーズの強化を図り、HTCは業績不振を乗り切ったかたちとなった。

HTCは、メタバースに強い関心を寄せ、22年3月にはYOUTUBEにて「VIVERSE - A Day in the Metaverse with VR, AR, AI, 5G & NFTs」を公開し、「もし、どんなデバイスを使っても、物理的な世界、デジタルな世界、バーチャルな世界を超えて、安全かつシームレスに他者とつながれるとしたら？ホログラフィック・コンサートで、あなたのアイドルに会いましょう。オンラインミュージアム「Step into Cat Art」のような新次元の没入型体験を探検してみましょう。VR、AR、AI、5G、ブロックチェーンなどのテクノロジーは、この新しい現実へのリ

YouTubeに公開された「VIVERSE」の１例

ンクです。私たちはこの現実をVIVERSEと呼んでいます」とのコメントを寄せた。

「VIVERSE」はPCやスマホなどからアクセスできるバーチャルコミュニティサイトになっており、オープンなメタバースプラットフォームとして公開している。

24年の新製品で「空間コンピューティング」体験を提供

同社は16年からVRヘッドセットを市場展開しており、いわば同市場の老舗メーカーである。24年9月、新しいVR／MRヘッドセット「Vive Focus Vision」を発表。VRとMR機能を搭載した「空間コンピューティング」体験を提供するという。価格は999ドル（日本では税込み16万9000円、ビジネス向けは21万4000円）。発売は24年10月18日からとなった。

Vive Focus Visionは、バーチャル空間を体験できるVR機能だけでなく、仮想世界と現実世界を融合し、空間的かつ新しい没入型体験を実現するMR機能も搭載し、スタンドアローンでの操作も、PCへの接続も可能だ。

ヘッドセットには液晶ディスプレーを採用し、解像度は片目あたり2448×2448ピクセル（両眼で合計5Kの解像度）で、リフレッシュレートは90Hz（DisplayPortモードによる120Hzリフレッシュレートのサポートは24年後半に対応予定）。視野角（FOV）は、最大120°という広さだ。

プロセッサーはクアルコムの「Snapdragon XR2」を搭載。メモリー12GB、内蔵ストレージは128GBで、microSDを使って最大2TBまで拡張が可能。

赤外線照明、カメラ、コンピュータービジョ

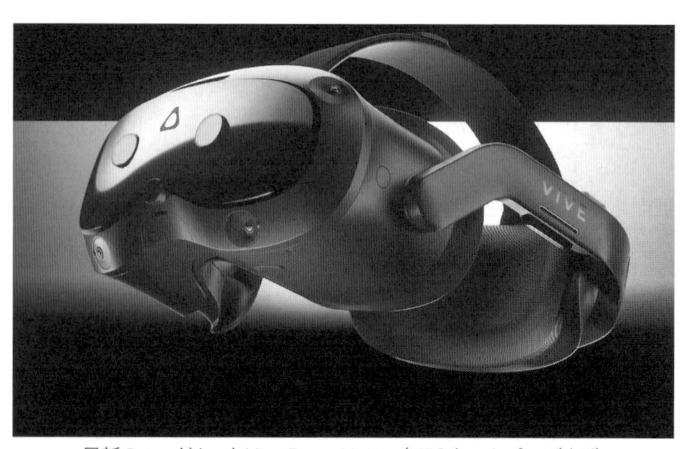

最新のヘッドセットVive Focus Vision（HTCホームページより）

ンを使用して、アイトラッキングによる視線入力やアバターの視線制御、視線を高解像度で「フォービットレンダリング」することでパフォーマンスを最適化する。センサー／カメラは、トラッキングカメラ×4、アイトラッキングカメラ×2、高解像度フルカラーパススルーカメラ×2Gセンサー、近接センサー、深度センサー、赤外線センサー、ジャイロスコープを搭載。コントローラーでの操作のほか、ハンドトラッキングによる操作にも対応する。

VIVE Flowは189gのVRヘッドセット

21年10月、コンシューマー向け没入型VRグラスの「VIVE Flow」を発売した（日本では21年11月発売）。価格は5万9990円(税込み)、重さは189g。超精密偏向部材と、高度な光学アライメントを用いて、光学システムのサイズと重量を大幅に改善した。超薄型VR光学システムで、無段階焦点調整ダイヤルを内蔵し、メガネ不要で装着することが可能だ。スピーカーも内蔵した。

また、気流を設計に盛り込んだ高効率アクティブ冷却システムにより、筐体内部の熱状態を最適化すると同時に、熱を逃がすことでユーザーの顔を冷却し、熱がこもらないように設計した。これにより同製品は、物理的に軽量というだけでなく、装着していることを忘れられるように工夫している。このほか、デュアルヒンジ設計により、眼鏡と同じように簡単に折りたためて持ち運びも容易で、あらゆるサイズの頭にもフィットする設計だ。

VIVE Flowは189g

Androidスマホを、3DoF VRコントローラーとして使用することで、シチュエーションに応じて様々なVR体験ができる。マインドフルネスのための活動や瞑想、集中、ブレイントレーニング、リサーチ、作業、エンターテインメンなどに役立ち、VRの大画面でお気に入りの映画やドラマを見ることもできるという。

XRHealthと提携、医療分野に進出

22年3月、VRを用いたヘルスケア事業を手がける米XRHealthは、メタバースでの仮想ヘルスケア治療を拡大するため、1000万ドルの資金を調達したと発表した。資金は、クラウドファンディングのほか、HTCやBridges Israelインパクト投資ファンド、AARP、StartEngine.comが出資した。同社は、16年に設立されたスタートアップで、VRで遠隔リハビリ治療を提供している。

22年1月に米で開催されたCES 2022では、HTCと業務提携し、HTCのVRヘッドセット「VIVE Focus3」や「VIVE Flow」を用いて、理学療法、作業療法、疼痛管理などの治療を提供すると発表した。

VIVE Focus 3は、長時間使用可能なバッテリーを搭載し、没入型ワイヤレスオールインワンヘッドセットで120°の超広角視野を臨床医に提供する。VIVE Flowは、同社最新の没入型デバイスであり、どこにいても患者が診療にアクセスが可能だ。重量は189gで、Android 5Gスマホで操作することができる。

HTCは、企業向けに特別に構築された最初の

完全なVRエコシステムを提供することを目指しており、XRヘルスのプラットフォームを医療施設に提供し、独自の仮想クリニックを構築する計画だ。同プラットフォームを用いれば、臨床医は患者の進行状況に関するデータの洞察をリアルタイムで受け取り、回復を正確に監視して必要に応じて治療プロセスを調整できるようになる。XRヘルスのアプリケーションがプリロードされたVIVE Focus 3の使用により、遠隔から患者を治療する仮想治療センターを構築することができる。一方、患者はVIVE Flowを使用して、自宅の快適さを維持したまま仮想治療室に入ることができるという。

XRヘルスのCEOのEran Orr氏は「メタバースが勢いを増すにつれて、仮想治療室を提供することが最も重要になる。患者に仮想治療を提供することは、すべての臨床医の診療を強化するだろう」とコメントしている。

医療用にも展開されるVIVE Focus3

Xreal

2017年に中国で設立したARグラスメーカー

ARグラスの開発と製造を手がける中国のXreal（日本Xreal＝東京都港区）は、米マジックリープの元社員が2017年に米広東省深圳市で設立し、20年5月に日本法人の日本Nreal㈱を設立した（23年5月に社名をXrealに変更）。22年3月には、中国アリババグループが主導するシリーズC+で6000万ドルを調達しており、同社が1年以内に得た投資総額は2億ドルに達した。

24年1月には、新たな戦略ラウンドで6000万ドルの追加資金を確保し、これによりこれまでの資金調達額は3億ドルに達したと発表した。XREALのこれまでの資金提供者は、アリババ、Nio Capital、Sequoia、快手（Kuaishou）、Gentle Monsterなどだが、この最新の戦略的ラウンドの資金提供者については非公開という。この新たに調達した6000万ドルの資金は研究開発と工場拡張に充てられ、XREAL独自の光学エンジンが生産・製造される予定。

XREALは25年以降、ARグラスの生産をさらに強化できる見通しだ。

光学系は映像視聴の快適さを最重視

同社は、コンシューマー向けARグラスの「Nreal（XREAL）Light」や「Nreal（XREAL）Air」シリーズを開発して市場展開しており、特にNreal Airは、KDDIやNTTドコモ、ソフトバンクが販売を取り扱った。また、世界で日本でのみコンシューマーチャネルでも販売して、ヨドバシカメラやビッグカメラ、アマゾンで購入することもできるようになった。これまでに10社以上の世界的に有名な通信事業者とパートナーシップを結び、6カ国に製品を提供している。

米ラスベガスで開催されたCES 2024では、クアルコム、BMWグループ、Nio、Quintar、Forma Visionとの提携を発表した。クアルコムとは、AR、AI、およびワイヤレスデータ接続（5G）の分野で協力してきた。今後、目的別デバイスとフィットネスやスポーツなどの体験カテゴリー、人工知能統合のカテゴリーなどの分野でも協力できないか模索していく。BMWとは、自動車における次世代の最先端スマートAR体験を探求する。

同社のARグラスの光学系は、ハーフミラーを用いたバードバス方式と呼ばれるもので、ちょうど瞼のあたりにその光学系が出っ張るような形になっている。「現状、量産化が可能でコストや機能を考慮すると、同方式がベストな選択だ。また、有機ELディスプレーの画像の高精細さを楽しむことができるのも同方式という認識だ。今後も、光学系のコンパクト化の設計には注力していく」としており、薄く軽くするために他の方式を選択するのではなく、現状のままの映像のクオリティを維持しつつ、6DoFでの展開や軽量化、ワイヤレス化などの研究開発を続けていくスタンスという。

24年初頭に6DoFの最新機種を発表

24年1月、開発者向けARグラス「XREAL Air 2 Ultra」を開発したと発表した。9万9000円で予約を開始し、24年3月の出荷を予定していたが、予約が殺到したため24年5月の出荷となった。購入は一般消費者も可能だ。

新製品は両眼でフルHDの高精細な視聴体験を提供できる。視野角（FOV）は52°、1°あたりのピクセル数（PPD）は42で、最大120Hzの高リフレッシュレートと500ニットのピーク輝度により、様々な照明条件下で画像を鮮明に見る

カーメーカーなどと提携を積極展開

ことが可能だ。

ソニー製マイクロ有機ELディスプレーを採用し、解像度は1920×1080ピクセル（各眼）。4m先で154型相当のバーチャル2Dスクリーンキャスティングが利用できる。筐体は長さ148.5mm、幅48mm、高さ161.5mm。チタンメガネフレームをベースとし、重さはわずか80gと軽量。最適な重量配分ができるように設計されている。チタン製フレームはARグラス業界初であり、長時間の使用における目の負担を考慮して設計されている。色精度、目の快適さ、低ブルーライト、フリッカーフリーについてテュフラインランドの第三者認証を受けており、画質と快適さはISO規格を上回っている。

XrealのAR環境ランチャーであるNebula（主要各OSに対応）と新しいインフレームセンサーは、周囲の環境を敏感に認識して追跡する能力があり、空間計算機能にフォーカスした最新のSDKが用いられている。コンピュータービジョン機能を備えたデュアル3D環境センサーを備え、位置情報とマッピングを同時に提供して3D空間内のユーザーの位置を特定する。

また、新製品の3D環境センサーは市場最小のものを採用。開発者がARコンテンツを作成し、新しい空間コンピューティング体験を探索することを目的として作られている。これらにより、ハンドトラッキング、3Dメッシュ作成、セマンティックシーンの理解などが可能になった。

「XREAL Air 2 Ultra」はLight以来の6DoFに

なお、生産キャパが不足したことから中国内に新工場を整備中で、25年半ばごろから稼働開始する計画だ（前述の6000万ドルの資金調達により）。24年10月時点では、予約殺到で出荷が遅れたUltraの生産も落ち着いたものの、「もう少し宣伝活動してしまうとまた生産が追い付かなくなる」状況であるという。

コンシューマー用途で世界トップ

同社によれば、21年のARデバイスの世界市場は、出荷ベースで20年比231％増加しており、このうちコンシューマーデバイスは161％増加したという（Strategy Analyticsの資料を元に言及）。コンシューマーデバイスは、全体の8割近くを占めた（20年は73％、21年は79％）。そして、Xrealのデバイスは、20年に30％（61％がLenovo）、21年に75％（ほかはその他に）、22年上半期は81％のシェアを占め（同資料を元に言及）、世界トップを獲得したという。

2023年7～9月期にはAR市場で世界シェア51％を獲得した（IDC調べ）と発表した。これにより世界シェアが45％近くに達したという。

調査会社のIDCによると、XREALは23年7～9月期にシェア51％を獲得し、出荷台数は前年同期比で58％増加した。世界のAR市場は22～27年に年率平均89％で成長すると予測しているが、Xrealは21年9月～23年9月の2年間で320％成長を達成している。

Xrealは、ARグラスとして、19年にNreal Light、22年にXREAL Airを発表。視野に最大330インチ相当の映像を表示することができ、これまでに35万台のARグラスを出荷して、コンシューマー用ARデバイス市場の形成に貢献してきた。

また、23年10月に発売したXREAL Air 2およびAir 2 Proは、ソニー製のマイクロ有機ELディスプレーを搭載し、軽量かつ優れた輝度と色再現、より高いピクセル密度、超高コントラスト比によって視聴体験を向上させた。現在、米国、欧州、アジアで販売中だが、24年はより多くの国へ提供開始した。24年初頭に開催されたCES 2024では、ハードウエアの次期バージョンと開発者向けの付属SDKを公開した。

Xrealの機種は有線タイプ

初号機であるNreal Lightは19年に上市し、サングラスのように快適に着用できるコンパクトサイズでありながら、鮮やかなディスプレーで複合現実（MR）機能を手軽に実現でき、6DoF（Degree of Freedom）のためスマートMRグラスと位置づけている。重さは106g（ケーブル含まず）、カメラを3基搭載、視野角約52°、SLAM（自己位置推定）対応。3Dグラフィックス用の片目1080pの高解像度ディスプレーを搭載し、接続したスマートフォン（スマホ）の画面をそのままグラス内に表示する。スマホのセカンダリースクリーンとして使用でき、3mの位置に100型の仮想スクリーンを投影する。プラットフォームはQualcomm Snapdragon Platformを採用。MRモードとミラーリングモードの使用が可能で、MRモードでは、例えば空間上にスマホのアプリを3つまで展開する

Nreal Lightは6DoF

Nreal Airは3DoF

ことができる。ミラーリングモードでは、接続した端末の画面をそのまま表示することができる。

Nreal Airは、Lightの使用感想などを元に、より見ることに特化して開発した。3DoFにし、自宅で映像をごろ寝してでも見られるようなかけ心地にこだわり、薄型軽量化と高画質化を実現した。重さは約79g（ケーブル含まず）、視野角は約46°、ソニー製のマイクロ有機ELディスプレーを搭載した。ディスプレーは視野角46°、1080p（×2）で、4m先に130型の映像を投影する。Ligtht同様、バッテリーや演算デバイスは非搭載で、ディスプレー、スピーカー、マイクの入出力機能が搭載してある。これら2機種は、バッテリー、演算機能はケーブル接続したスマホなどから供給される、有線タイプのものとなる。

中国に全自動光学モジュール工場稼働

日本では22年8月に事業説明会を開催し、Nreal Airの新しいアダプター「Nreal Adapter」や、3Dシステム「Nebula」のアップデートバージョンについても発表したほか、事業や開発方針、ARデバイスの市場観などが語られた。

Nreal Adapterは、これまで非対応だったiPhoneでの使用を可能にするもの。またHDMIの入力にも対応するため、Nintendo Switchなどのゲーム機にも接続できる。Nebulaは3Dインタラクティブアプリで、MacOS対応になった。

呂氏によれば、Nrealは製品の開発哲学として、①デザイン、②光学エンジン、③安全性の3つの重要ポイントがあるという。①人々はディスプレーに対して矛盾した要求を持っている。技術の発達によってPCやテレビ、プロジェクターなど大きなスクリーンで映像を見ることができるようになった一方で、スマホといった小型のディスプレーも登場し、携帯して便利に使うことが追求されている。映像を見るにはスクリーンが大きく、筐体は小さいものが欲しいという厳しいニーズに応え、実現できるのがARグラスと位置づけている。このため、持ち運びしやすく、日常的に身に着けても恥ずかしくないデザインを目指している。さらに、ARは2Dの世界から3Dの世界へと人々の意識を変換するもので、これがメタバースというデジタル世界に繋がっていくとの考えを示した。

②Airは最新の光学エンジンを搭載し、4m先に130型を投影するこができる。ディスプレーはソニーのマイクロ有機ELを採用し、視野角46°、FHD解像度、画素密度49PPDを実現した。より高品質な光学モジュールを製造するため、中国に世界初の全自動オプティカルモジュール生産工場を整備し、稼働させている。

③眼に近いため、眼に良くないのではという懸念があるが、ドイツの認証機関であるTUV Rheinlandの「Low Blue Light」「Eye Comfort」「Flicker Fee」という3つの項目で認定を取得している。特に「Eye Comfort」は非常に難易度が高く、これまでに世界で214機種しか認定されていない。このため、眼の健康にほとんど影響がない製品と言えるという。

ARグラスがメガネのように日常使いができる、軽くてワイヤレスなデバイスになるには、光学系だけでなく演算機能やバッテリーもすべて搭載した上で、顔に常時かけていられる軽量化を実現しなければならない。同社がコンシューマー展開しているLightもAirも有線で、接続するスマホなどの機器のバッテリーやCPUに頼っている。これについて呂氏は、「ARグラスはポストスマホデバイス。次のデジタル世界を担う端末であり、ワイヤレス化は当然視野にある。当社の技術開発は日進月歩で進んでいる。多くの人が予想するよりも早く、スタンドアローン製品を出せると思う」と時期の明言は避けたものの、よりメガネに近い製品化への意欲を語った。

日本市場については、ARに必須となるコンテンツの、クリエイティブな開発者が多くいる重要市場との見方を示した。すでに共同開発に取り組んでおり、新しいユースケースを獲得することを目指しているという。

オッポ

AIグラスのプロトタイプを発表

OPPO（オッポ）は、スペインのバルセロナで開催されたMWC 2024で、ARグラスの「OPPO Air Glass 3」のプロトタイプを発表した。スマートフォン（スマホ）経由でOPPO AndesGPTモデルにアクセスできることで、ユーザーに新しい機能を提供するという。発売価格や時期は未定。

同機種の重さはわずか50gで、屈折率1.70、ディスプレー輝度均一性50％以上、ピークアイ輝度1000ニット以上の、自社開発した樹脂導波路を搭載した。これらにより、通常のメガネに近い装着体験を提供しつつ、最高のフルカラーディスプレーを実現する。さらに、スマホのAir Glass Appから提供される、OPPO AndesGPTへのアクセスにより、ユーザーは同機種のテンプルを軽く

OPPO Air Glass 3のプロトタイプ

OPPO Air Glass 3ではAIの搭載も

押すだけでAI音声アシスタントを起動させることができ、様々なタスクの実行が可能になる。

このほか、タッチインタラクションもサポートしており、音楽再生、音声通話、情報表示、カラー画像閲覧などの機能を簡単に制御することが可能。逆音場テクノロジーや4つのマイクを備えたオープン音響設計、ノイズ分離を改善して高音質と強化されたプライバシー保護を実現する、その他の革新的な機能も備えた。

また同時に、OPPO AIセンターの設立も発表した。同社は、AIの開発と実装の最前線を探求し続けるために同センターを設立したとし、生成AI機能によりスマホ経由でOPPO AndesGPTモデルにアクセスできる世界最軽量のARグラスであるAir Glass 3は、ユーザーをAI体験に近づけるための、XRにおける革新的な機種と位置づけるとした。

XRデバイスは、音声やビジュアルなどのユーザーインタラクションにおいてこれらの機能の実装に新たな可能性をもたらすものの、真に個人的な日常のスマートアシスタントの役割を担うには、高度な機能と軽量設計の両方が必要となる。同社はこのビジョンに基づいて、XRデバイスとスマホの間のクロスデバイスコラボレーションに基づくAIテクノロジーの可能性を探るため、全く新しいこのプロトタイプを発表したとした。

22年3月から
単眼「Air Glass」発売

中国のスマホメーカーOPPO（オッポ）は、自社カンファレスの「OPPO INNODAY」にて、単眼タイプのスマートグラス「Air Glass」を発表した。2022年第1四半期に中国で販売を開始すると予告した通り、22年3月から中国にて発売開始している。現地報道によると、価格は4999元（約9万円）。同社は19年からARグラスのコンセプトを発表しており、両眼のARグラスを21年中に上市するとしていたが、まずは単眼のスマートグラスを市場展開するに至った。

単眼マイクロLED搭載のスカウター型

Air Glassは、特定の情報を表示する、いわゆる「スカウター」タイプで、同社によれば、情報で現実を拡張するのではなく、情報を支援する「aR＝アシステッドリアリティー」を提供するスマートグラスだという。30gと軽量で、専用のメガネフレームに磁石で装着して使用する。

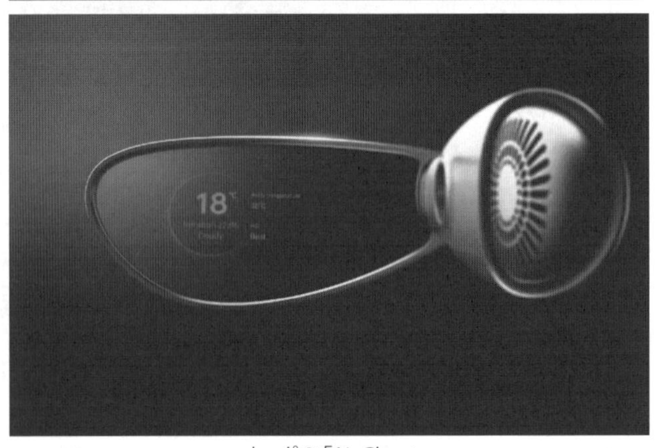

オッポの「Air Glass」

ディスプレーは緑色の単色マイクロLEDを搭載し、画素素サイズ4μmで最大輝度300万ニットを実現する。プラットフォームはクアルコムのSnapdragon Wear 4100と、スマートウオッチにも使用されるSoCを搭載した。

また、同社が「Spark Micro Projector」と呼ぶ、5枚のレンズを重ねたコーヒー豆1つ分ほどの大きさの（0.5cc）マイクロプロジェクターを搭載。グラスレンズには、256階調のグレースケールで、最大平均輝度1400ニットで投影することが可能だ。ディスプレーエリアは2枚のサファイアガラスで保護している。

グラスはタッチバー、バッテリー、Wi-Fi、ブルートゥース、スピーカー、デュアルマイクロフォン、プラットフォームなどを搭載したテンプル（つる）と一体になっており、このテンプル部分を黒（ブラック ミラー）・銀（シルバー ウィング）の2色から選べ、2つのフレームキットがある。メガネのテンプル部分に磁石で吸着させるようになっており、タッチでの操作のほか、首を振ることで操作することも可能。天気や通知の確認、ナビゲーション、プレゼンをする際のプロンプターとしての使用や、翻訳機能が搭載されている。翻訳は、対話者同士がAir Glassを装着することで、中国語-英語間の翻訳ができる。今後、中国語-日本語、中国語-韓国語間の翻訳も対応していくという。

操作にはオッポのスマートウオッチや、ColorOS11以降を搭載したオッポスマートフォンとの連携が必要になる。

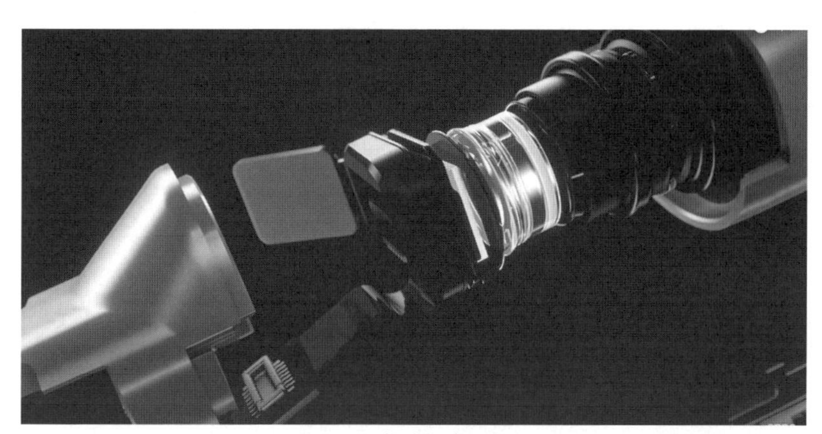
マイクロLED（緑色）プロジェクター

シャオミ

新ARグラスのコンセプトを23年に発表

中国の大手スマートフォン（スマホ）メーカーのシャオミ（小米科技）は、スペインのバルセロナで2023年に開催されたMWC 2023で、「全く新しいコンセプト」の技術成果である「Xiaomi Wireless AR Glass Discovery Edition」を発表した。同社初のワイヤレス仕様のARグラスで、完成形のスペックとは異なる可能性があるとはしながらも、いくつかのスペックについては公表し説明した。

プロセッサーはSnapdragon XR2 Gen1を採

スマホをテンプルにタッチすれば接続できるようだ

ため、業界最高の高解像度ディスプレーを搭載しているという。

このほか、長時間のジェスチャー操作を可能にし、機能を容易にする低消費電力のAONカメラが組み込まれているほか、従来のスマホコントロールを選ぶことができたり、デバイス間の相互接続に関する豊富な経験を活かし、数多くの革新的な相互接続エクスペリエンスをこのARグラスに取り入れている。

用。同社が開発した高速相互接続バスを採用して、スマートフォン（スマホ）からARグラスへの高速データ接続を実現する。スマホからグラスまでのワイヤレス遅延が3msと低く、フルリンク遅延は50msと、有線に匹敵するワイヤレス接続を提供する。

重さは126gで、筐体にはマグネシウムリチウム合金、カーボンファイバー部品、自社開発のシリコン酸素アノードバッテリーなど、様々な軽量素材を採用した軽量設計が特徴だ。

ディスプレーはマイクロOLEDを採用。最大1200ニットの明るさを実現した光学モジュール設計は、光損失を最小限に抑え、鮮明で明るい画像を生成する。さらに、ARグラスには、様々な照明条件に適応できるエレクトロクロミックレンズが装備されており、これらのレンズにより、コンテンツを見るときに没入感を与えるブラックアウトモードが実現し、透明モードでは現実と仮想の要素が融合したより鮮明なAR体験を提供する。

また、業界で初めて「網膜レベル」のディスプレーを実現したことも特徴だ。ARグラスには「臨界値」の品質閾値があるが、角度解像度またはPPD（度あたりのピクセル数）の数値が60に近づくと、人間の目は画像の粒度を区別できなるなるとされており、同機種のPPDは58の

21年に51gのコンセプトスマートグラスを発表

21年9月、マイクロLED光導波路技術を採用したコンセプトスマートグラス、「Xiaomi Smart Glasses」を発表した。200万ニットのピーク輝度を持つモノクロディスプレーソリューションで、スマホのセカンダリーディスプレーとしてではなく、独立して操作機能を持つ、新しいスマート端末と位置づけている。発売日や価格などは未定。

同製品は、クアッドコアARMプロセッサー、バッテリー、タッチパッド、Wi-Fi／Bluetoothモジュール、Androidオペレーティングシステムなどを搭載。わずか51gの筐体にミニチュアセンサーや通信モジュールを含む、合計497のコンポーネントを統合した。

このため、基本的な通知、通話表示などに加えて、ナビゲーション、写真の撮影、プロンプター、リアルタイムのテキストと写真の翻訳などの機能を、グラス単体で動作することが可能だ。また、XiaoAiAIアシスタントにより、重要な情報をタイムリーに表示することができる。

ディスプレーには、グリーンの単色マイクロ

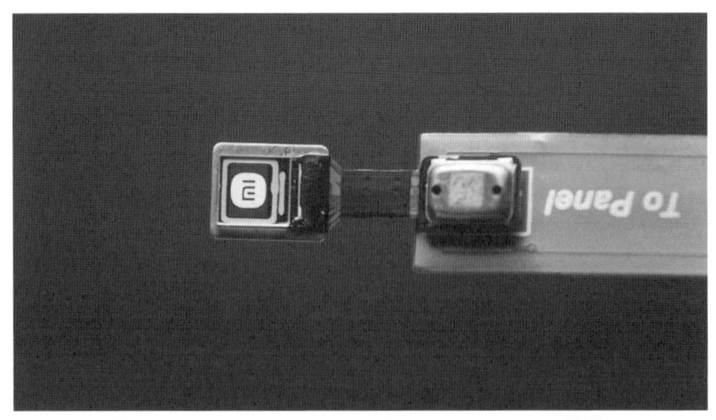

「Xiaomi Smart Glasses」は単色のマイクロLEDを搭載

LEDディスプレーを搭載し、光を180°で屈折させる光導波路技術を採用した。光導波路レンズの内面にエッチングされた微細な格子構造が光を独自の方法で屈折させ、人間の目に安全かつ正確に透過させる。

光の屈折プロセスでは、光線が無数に跳ね返ることで人間の目で完全な画像を見ることができ、着用時の使いやすさを大幅に向上させた。ほかの製品のように複雑なマルチプルレンズシステム、ミラーやハーフミラーを使用せず、1つのレンズ内で処理できるため、軽量化に貢献している。

また、ディスプレーチップの大きさは2.4×2.02mmで、ピクセルのサイズは4μmを実現。これにより、ディスプレーをメガネフレームに完全に収めることができた。マイクロLEDのピクセルは個別に点灯し、その発光特性により、より明るく、より深い黒の表示が可能なディスプレーになっている。

メガネの前面にある500万画素のカメラは、写真を撮ったり、写真のテキストを翻訳したりすることができる。また、内蔵マイクと独自の翻訳アルゴリズムを利用することで、音声をテキストに翻訳し、リアルタイムで翻訳することも可能だ。カメラの使用中は、横にあるインジケーターライトが点灯し、写真が撮影されていること表示するようになっている。

このほか、通知機能はスマートホームアラーム、オフィスアプリからの緊急情報、重要な連絡先からのメッセージなど、最も重要なメッセージを選択してプッシュすることで、ユーザーの使用負荷を低減した。また電話機能では、相手の番号が確認でき、内蔵マイクとスピーカーで会話が可能だという。

カメラメーンのスマートグラスを発表

22年8月、スマートカメラグラスともいえる、広角・望遠カメラを搭載した「Mijia Glasses Camera」を発表した。クラウドファンディングで販売展開し、クラウドファンディング価格は2499元、希望小売価格は2699元。カメラやディスプレーなどを搭載したフレーム部分と、グラス部分とに分離することができる。

重さは約100gで、幅は172.2mm。ディスプレーは、21年9月に発表したスマートグラスのコンセプトと異なり、マイクロLEDではなく、

カメラメーンの「Mijia Glasses Camera」

ソニー製の0.23型マイクロ有機ELディスプレーを採用した。ディスプレーは最大ピーク輝度3000ニット、画素密度は3281ppi、コントラストは10000：1。レンズを通した最大ピーク輝度は1800ニットを実現し、屋外での使用も可能だ。

ユーザーの右側(かけた状態)にディスプレーと導光板、テンプル部分にタッチセンサーを搭載。左側に望遠と広角カメラを縦に並べて搭載した。取り外しができるグラス部分は無くても使用できるようで、眼の保護用途がメーンとみられる。

望遠カメラは800万画素で光学式手振れ補正付き。クワットベイヤー配列のセンサーを搭載した広角カメラは5000万画素で15倍ズームまで可能だ。ユーザーが見ている景色を手を使わずに撮影することができ、映像内にある文字を自動翻訳して表示することもできる。また、1020mAhのバッテリーをテンプル部分に搭載しており、録画は100分間可能。30分間で80％までの充電が可能だ。

筐体の見た目はゴツイ印象で、21年に発表したコンセプトには程遠いが、カメラでの撮影機能がメーンのGlasses Cameraとしており、スマートグラスの前段階製品としての位置づけとみられる。

TCL

フルカラーマイクロLED搭載製品にAIも搭載

中国のテレビ製造大手TCL Electronics(TCL科技集団股份有限公司）は、21年にARデバイスを手がける子会社RayNeoを設立した。RayNeoは、光学系、ディスプレー、アルゴリズム、デバイス製造によるAR技術の研究開発を専門としている。世界初のフルカラーマイクロLED光導波路ARグラス「NXTWEAR S」で、MWC 2023（スペインバルセロナで開催されるエレクトロニクス展示会）のGlobal Mobile Awards (GLOMO) 2023の「ベストコネクテッドコンシューマーデバイス」を受賞したほか、トップクラスの映画のようなオーディオビジュアル体験を特徴とするコンシューマーXRウエ

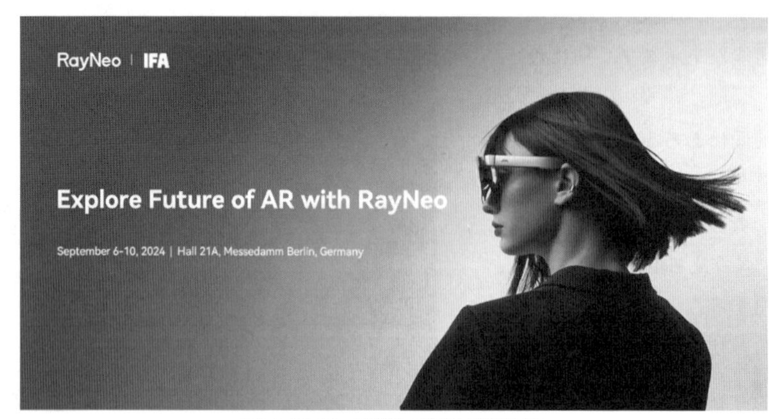

IFAでOLEDoS搭載の新機種を披露

アラブルグラス「RayNeo Air 2」の開発も手がけている。

TCLとRayNeoで展開されているXRグラスには、マイクロLEDとマイクロOLED（OLEDoS）が搭載されたものに区分できる。現在、マイクロLED搭載製品＝「RayNeo X2」「RayNeo X2 Lite」、OLEDoS＝「NXTWEAR Air」「NXTWEAR Air S」「NXTWEAR S+」「RayNeo Air2／Air2S」となっている。

24年9月、独ベルリンで開催されたIFA 2024で、最新のXRグラス「RayNeo Air 2S」を発表した。没入感があり快適な巨大スクリーンのビジュアルで比類のないエンターテインメント体験を提供する。画期的なプッシュプッシュクアッドスピーカーシステムを搭載してオーディオを向上させ、400％の音量ブーストでコンサート品質の豊かなサウンドを実現した。

ディスプレーには、ソニー製のOLEDoSを採用して201型の映像を実現し、エッジツーエッジの鮮明度を100％向上させたことで細かい作業に最適になった。バッテリーは5時間以上のビデオ再生が可能な6500mAhを搭載した。

また、23年に発表したARグラス「RayNeo X2」では、音声ガイド付きナビゲーション、リアルタイム翻訳、正確な顔追跡などといったAI機能を強化したバージョンを発表した。ユーザーの日常的なインタラクション向上に貢献させるのがデバイスコンセプトだ。

RayNeo X2は、マイクロLED光導波路技術を採用した世界初の両眼フルカラーARグラス。1670万色ディスプレーと1500ニットの明るさを備える。

高度な言語モデルを搭載した直感的な音声対話のための3D AIアシスタントを投影し、16MPカメラ、高精度マイク、リアルタイムの物体認識のための6DoFを搭載した。Snapdragon XR2プラットフォームで動作し、3Dナビゲーション、多言語翻訳、ユーザーの視線方向へのアラートなどのスタンドアロン機能を提供する。

コンセプトでフルカラーマイクロLEDを採用

24年2月、米ラスベガスで開催されたCES 2024で、ARグラスの「RayNeo X2 Lite AR Glasses」を発表した。23年初頭に発表した「RayNeo X2」よりも軽量化を図った。価格や販売時期などの詳細は未発表。

最新のSnapdragon AR1 Gen 1プラットフォームを搭載した世界初のフルカラー3Dディスプレースマートグラスで、ディスプレー効果とAR体験をアップグレードした。

新機種は両眼フルカラーマイクロLEDを用いた光導波路ディスプレーで、最大1500ニットの輝度と最大10万：1のコントラスト比を実現した。6m離れたところから最大201型の画面を見ることができる。重さは前機種の約75gよりもスリムで超軽量な設計にしたことで、約60gを実現した。AIを搭載したオールインワン・スマートアシスタントと、リアルタイム多言語対話翻訳、3Dマッピングによる音声ガイド付

マイクロLED搭載「RayNeo X2 Lite」をCESで披露

OLEDoS搭載「NXTWEAR S+」は87g

きスマートナビゲーション機能を搭載した。

OLEDoS搭載「NXTWEAR S+」は87g

23年12月、新ウエアラブルグラス／スマートグラス「TCL NXTWEAR S+」を発売した。リフレッシュレート120Hzに対応した、デュアルフルHDのソニー製OLEDoSを搭載し、215型相当の大画面と、鮮やかでメリハリのある高精細な映像を実現した。

新機種は、87gという軽さにより装着ストレスが軽減され、まるで本当にそこにスクリーンがあるかのような臨場感を提供することができる。業界最高水準の120Hzに対応したことでリフレッシュレートが上がり、臨場感のあるゲーム体験が可能だ。さらに、次世代のソニー製マイクロOLEDスクリーンを搭載したことで、高精細で高コントラスト比、広色域、高速応答性を兼ね備えた高画質を実現した。

PC、スマートフォン、PS、Switchなど、様々なデバイスに対応する。iPhone 15シリーズでは、Type-C接続により変換アダプター無しで使用できる。

また、テンプル部分にラージサイズチャンバーのデュアルスピーカーを搭載。装着者の周囲に向けてノイズキャンセリングを行い、高音成分を減らすことで音漏れを抑える「音漏れ抑制モード」も搭載した。

OLEDoS搭載「NXTWEAR AIR」は75g

22年1月に米ラスベガスで開催された世界最大のエレクトロニクス展「CES 2022」に合わせ、ウエアラブルディスプレーグラスの「NXTWEAR AIR」を発表した。1080pのOLEDoSを2つ搭載し、4m先に140型のスクリーンを映し出す。機種の重さは75gで、前機種の「NXTWEAR G」よりも30％軽量化した。

AR機能は無く、スマホなどとの接続により、大画面で映像を視聴するスマートグラス（ウエアラブルグラス）となる。2つの交換可能なフロントレンズが付属し、ユーザーの個々のスタイルに合わせた外観にすることができる。TCL CommunicationのCMOであるStefan Streit氏は、携帯性と快適性に焦点を当て開発したとし、オフィス、リビングルーム、飛行機の小型スクリーンからユーザーを解放し、通勤、出張、フライト中などどこでもコンテンツを楽しむことができるという。

Type-C接続により、100機種以上のスマホとの接続が可能で、バッテリー不要のプラグアンドプレイ接続をサポートし、多くのラップトップやタブレットにも対応している。また、Bluetoothコントローラーに接続すると、さらに快適なゲーム体験を実現するという。

OLEDoS搭載「NXTWEAR AIR」は75g

1°あたり47ピクセルの解像度を持つため、映画館のような鮮明さを実現。デュアルスピーカーでステレオ音声を再生することで、空間的な効果も提供する。

また、リモートワークのニーズが高まる中、自宅にモニターを置くスペースがなくても、ノートパソコンと同製品を組み合わせれば、便利なセカンドスクリーンとして機能する。また、公共の場や通勤時に機密性の高いプロジェクトを管理する際にも、プライベートな作業用としても使用できるという。

導波路メーカーとARグラスで協業

22年2月、光導波路の設計・製造を手がけるDispelix（フィンランド）とARスマートグラスで協業すると発表した。カスタムの光導波路とフルカラーのマイクロLEDディスプレーを組み合わせ、ARグラスの最新モデルに適用を進める。

共同開発したディスプレーモジュールは、薄い光導波路上で鮮やかなカラー映像を実現することに成功した。協業によって小型化や省電力、広い視野角などを実現し、次世代グラスの開発期間を短縮する。

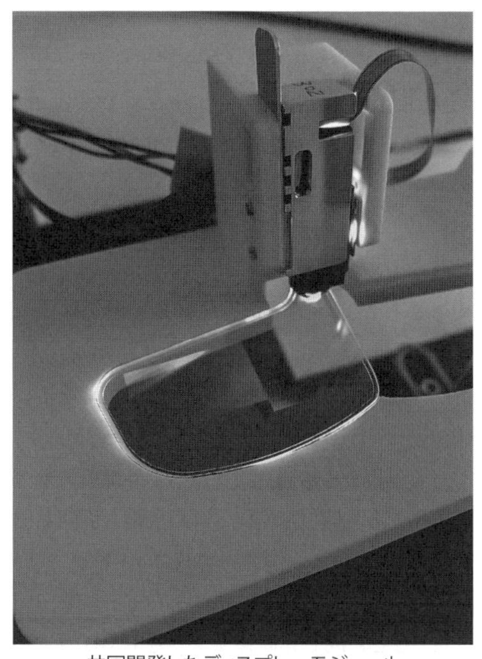

共同開発したディスプレーモジュール

同社は21年10月にマイクロLEDを搭載した次世代ARスマートグラス「Thunderbird」の開発を公表しており、これにもDispelixの技術を採用しているとみられる。マイクロLEDのサイズは4μm。このほかに、ARグラスにルートナビを投影し、スマホを見なくてもルートガイドができるとしている。

キヤノン

MRシステムの開発に1997年着手

キヤノン㈱は、現実映像とCGをリアルタイムに融合するMR（複合現実）システム「MREAL（エムリアル）」シリーズを展開している。MREALは、製造業を中心とした設計や製造の現場などにおいて、デザインの検証や設備の配置シミュレーションなどで活用され、開発期間の短縮やコストの削減を実現する支援ツールとしてユーザーから高い評価を得ているという。

MRシステムの開発は1997年に着手し、経済産業省の基盤技術研究促進センターと㈱エム・アール・システム研究所を設立して、モノづくりをメーンとした産業分野への展開を視野に研究開発を進めてきた。12年からMRシステムとしてMREALの市場展開を開始。光学、画像処理、ハードウエア設計、ソフトウエア開発など、同社が持つ技術を集めたデバイスとなった。

MREALは、HMD（ヘッドマウントディスプレー）のカメラで撮影した現実の映像と3D CGのデータを合成する、ビデオシースルー方式を用いる。3D CGが本当にそこにあるかのように見ることができ、ユーザーの手の位置を認識することで3D CGとのサイズや距離の関係も正確に表示できる。

07年ごろに、現在のMREALの原型となる技術が完成。自由曲面プリズムを用いたHMDや、マーカーによる位置合わせ技術や外部センサーの併用など、同社で蓄積された技術を展開していった。ビデオシースルー方式のMREALでは、HMDのカメラで撮った映像をPCに送り、PC上でCGと合成した映像データをHMDのディスプレーへと送り返している。このため、いったん映像を納めるHMD内のビデオカメラのスペースを確保すべく、コンパクトな自由曲面プリズムを採用したという。さらに、現実の映像を取り込みCGと違和感なく合成する正確な位置合わせ技術が必要になるため、「MREALマーカー」を独自開発している。

これらのほか、関連技術として①MREAL Platform＝MREAL対応表示アプリケーションとMREAL Display、その他デバイスを接続するMREALの基盤となる専用ソフトウエアで位置合わせに必要な位置姿勢情報、センサーシステムとの連携、カラーマスキングなど、システムの各種設定を行う、②MREAL表示アプリケーション＝現実空間にCGを表示するためのMREAL対応アプリケーションソフトウエア、③MREAL Visualizer＝現実映像に3D-CGを表示する専用ソフトウエア、なども手がけている。

プラットフォームも構築

24年4月、現実映像と3DCGをリアルタイムに融合するMREALシリーズの基盤ソフトウエアとして、XR業界のデバイス・アプリ間の仕様における標準規格「OpenXR」に準拠し、位置合わせの精度を強化した「MREAL Platform 2024」を発売した。ユーザーが持つ様々なアプリケーションとの接続の容易化やアプリケーションベンダーによるMREAL用のアプリケーション開発の促進に貢献する。また、空間特徴位置合わせの機能の強化により、静止物が少なく特徴点が無い場所でも精度の高い位置合わせを実現し、臨場感のあるMR映像体験が可能だ。

MREALは、周囲の静止物から特徴点を抽出し、自身の位置座標を推定して位置合わせを

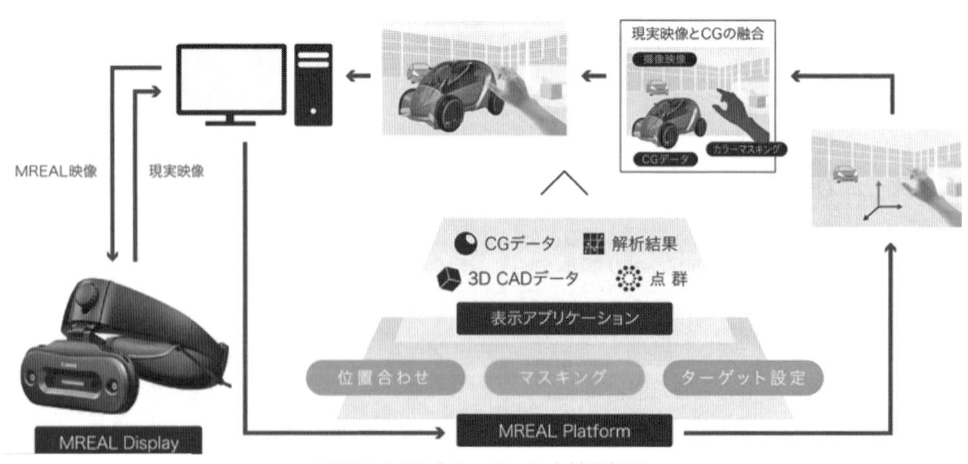

MREALのMR（Mixed Reality）技術概要

行っている。この空間特徴位置合わせ時に発生するノイズや誤差の抑制などの機能強化により、さらに精度の高い位置合わせを実現し、安定したMR映像体験を提供する。これにより、これまでは位置合わせが難しかった設備導入前の工場の空きスペースなど、スペースが広く特徴点が少ない場所でも、周囲に特徴点を設置するなどの追加作業なく使用を開始することが可能だという。

21年2月、初のエントリーモデルラインアップ

21年2月、12年に3シリーズを開発して導入した企業からの要望に応え、機材のサイズ、準備にかかる手間と価格面でより手軽に扱えるようになった「MREAL S1」をラインアップした。

HMD本体は手のひらに収まるサイズで、シリーズ最小・最軽量となる、大きさ約186（幅）×250（奥行）×138（高さ）mm、重さは約338g（ヘッドマウントユニット含む）、ディスプレー部のみの重さは約137gを実現した。ダイヤルでディスプレーの装着位置を簡単に調整できるヘッドマウントユニットにより、装着時の手間も軽減した。ビジネス書程度の大きさのインターフェースボックスを介してノートPCと接続するだけで利用でき、システム全体も大幅にコンパクトにした。同社初のエントリーモデルであるMREAL S1は、小型・軽量化に加え、モバイルワークステーション対応により持ち出しが容易で、様々なシチュエーションで使用できる。さらに、本社と製造現場のような遠隔地間でCGを共有することも可能だ。

広視野角モデルのMREAL X1をラインアップ

22年6月、シリーズ最大表示面積によりユーザビリティーの向上を実現する、広視野角モデルの「MREAL X1」をラインアップした。表示面積の拡大により、視野角が広がることで、大きく頭を動かすことなく視認エリア全体の確認が可能だ。一度に視認できる範囲が拡大したことで、検証効率が向上し、対面での作業や自分の足元を確認しながらの作業でも安心して使用できる。

重さは約359g（ヘッドマウントユニット含む）、ディスプレー部のみの重さは約158g。大きさ約186（幅）×150（奥行）×250（高さ）mmの小型・軽量設計と、人間工学に基づき設計されたヘッドマウントユニットにより使用時の負担を軽減し、快適な装着感を提供する。また、独自のディスプレーパネルと長年培ってきた光学技術を駆使したレンズを搭載すること

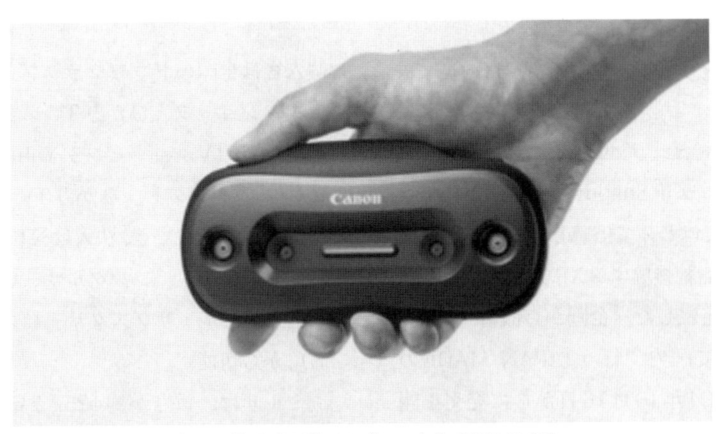

手の平サイズのディスプレー本体（MREAL S1）

で、小型・軽量と高画質を両立した。

エントリーモデルのMREAL S1と比較して、重さの増加を約21gに抑えながら、表示面積を約2.5倍に拡大。特にユーザーからの要望で多かった縦方向の視野角を拡大したことで、大きく頭を動かすことなく視認エリア全体の確認ができるようにした。

このため、大型の商品や設備などの全体的なイメージの確認や、対面での作業検証や、自分の立ち位置を確認しながらの作業検証などにも使用可能だ。また、ディスプレー部の高さ調整機構や眼幅調整機構により、個人の頭部形状に応じた位置調整が容易だ。フリップ方式により、HMDを装着した状態から素早く目視に切り替えができ、本体を装着したまま周囲の確認をすることやメモを取ることができる。

さらに、空間特徴位置合わせ技術により、別売りの位置合わせ用光学センサーが常設されていない現場や設置が困難な屋外でも高精度な位置合わせを実現した。

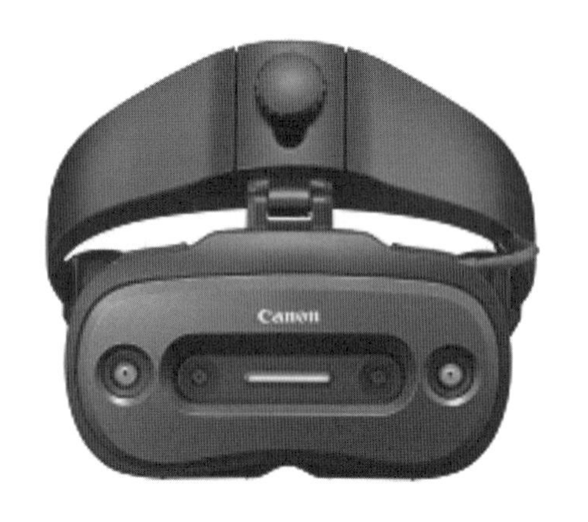

広視野角タイプのMREAL X1

CG映像を融合した例（車がCG）

NTT コノキューデバイス

ワイヤレスARグラス「MiRZA」開発

㈱NTTコノキューデバイスは、米クアルコムのチップセットSnapdragon AR2 Gen 1（AR2）を世界ではじめて搭載し、スマートフォン（スマホ）と無線接続するXRグラス「MiRZA（ミルザ）」を発表した。企画から設計・開発、製造まですべて国内で行うJAPAN MADEのXRグラスで、24年10月16日からに発売を開始した。希望小売価格は24万8000円（税込み）。個人客は全国のドコモショップと、ドコモオンラインショップ、ひかりTVショッピング楽天店、ひかりTVショッピングYahoo!店、dショッピングダイレクト、ひかりTVショッピング、Amazonで購入でき、法人はNTTコミュニケーションズ㈱から、レンタルサービスはドコモの家電レンタル・サブスクサービス「kikito（キキト）」から可能だ。

ミルザは、重さが約125gと電池搭載ながら軽量で、メガネに近い重量バランスや厚みを抑えた光学レンズの採用により、長時間使用しても疲れにくい装着感を実現した。また、AR2の搭載により、グラス内でのソフト処理を分散させており、スマホと無線で接続し操作することが可能で、有線のわずらわしさを解消した。

また、画像表示は1000ニットの明るさとFHD（1920×1080）の高画質な表示で、グラスを通して現実空間を実際に見ながら3D空間もクリアに視認できる。それにより、より手軽に6DoFコンテンツ（現実空間の位置座標や物体を認識し、バーチャルなコンテンツをあたかも現実空間に存在するように配置できる）を体験・活用することが可能だ。

主な用途としては、従来スマホで行っていたカメラでの静止画撮影、通話などが可能なほか、対応スマホと接続し、複数の画面を同時に表示しながらの利用も可能で、表示コンテンツはユーザーの周囲360°すべてに自由に配置でき、サイズを調節することで、より効率的な作業や快適な動画視聴を楽しむことができる。

さらに、文字起こし・通訳機能としてXRAI, Inc.（エックスレイ）が提供する多数の受賞歴のあるアプリ「XRAI Glass」に対応。140以上の音声言語を即座に目の前で通訳・字幕に変換でき、日々の様々なコミュニケーションを支援する。

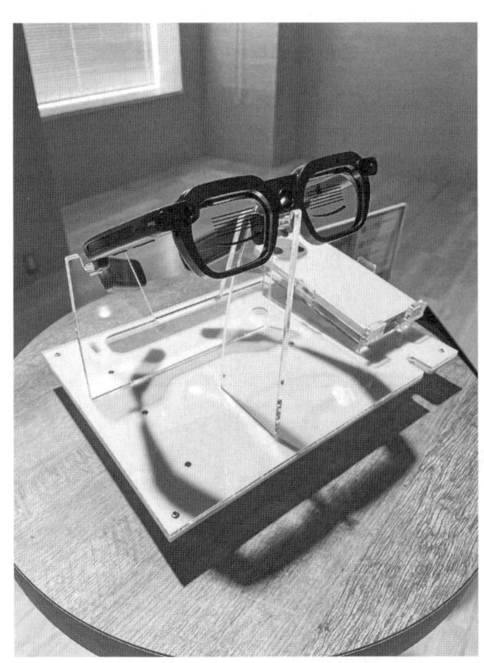

「MiRZA」はワイヤレスにこだわり

同時に、㈱NTT QONOQ（コノキュー）がが同XRグラスの利用シーン開拓を目的とした法人パートナー募集についても発表した。法人向けとしては、コノキューが展開する遠隔支援ソリューション「NTT XR Real Support」に対応しており、様々な法人業務に貢献することを想定している。

光学系は韓国ベンチャー採用、ソニーOLEDoS搭載

24年10月16日に発売を開始したミルザの後継機ロードマップとして、25年には「ほぼメガネ」を追求した一般コンシューマー向けデバイスを上市する計画を発表した。その後、2年以内に次世代機種を発表していく構想を持つ。

NTTコノキューデバイスは、23年4月に㈱NTTコノキューとシャープ㈱の合弁会社として設立された約50人の組織。XRデバイスの開発と普及を目指し、新製品の企画から設計・開発・製造まですべてを日本国内で行った。

今後の展開としては、まずは法人／開発者向けをメーンにミルザの販売展開を開始し、利用シーンの開拓を進める。25年にはコンシューマー向けの第2号機を展開する計画だ。「コンシューマー向けでは、価格・重量ともに現状の半分以下にしなければならないだろう」とし、価格は10万円以下を目指し、機能としては通知機能や翻訳機能など生活をサポートするような、ある程度機能を絞ったデバイスを想定しているという。将来的には、ほぼメガネの次世代機の開発とさらなる利用シーンの開拓を進め、「眼鏡をかけている人がXRグラスに切り替えができるようなデバイスを目指す」としている。

ミルザのスペックは、重さ125gで、中央にRGBカメラ（FHD）と、左右にモノクロの空間認識カメラを、テンプル（眼鏡のつる）にマイク×4、スピーカー×2、タッチセンサー（右側のテンプル）を搭載した。光学系には、両眼フルカラーのソニー製マイクロOLED搭載した、韓国ベンチャーのLetinAR社が開発した薄型ミラーバー方式の光学モジュールを採用した。コノキューデバイスもアドバイザリーで光学モジュールの製作に携わっており、標準品ではなくミルザへのカスタム仕様となっている。これによりレンズ周りの薄型化を図っている。

また、グラスのかけ心地にもこだわり、メガネメーカーと協業することで、125gの重さを分散させている。視力補正が必要な場合はインサートレンズを入れることができ、パートナーの㈱パリミキとアイジャパン㈱が対応する。

このほか、近接センサー（操作用）、照度センサー（ディスプレーの明るさ自動調節用）、加速度・ジャイロ・カメラに掘る空間認識センサー（6DoF表現用）とバッテリー（連続使用1～1.5時間）を搭載。自社開発したアプリ「MiRZAアプリ」がスマートフォンとの接続やミルザの基本機能を管理・提供する。

QDレーザ

網膜投影型ビューファインダー「RETISSA」

㈱QDレーザ（川崎区）は、網膜投影型ビューファインダー「RETISSA」シリーズを手がける視覚情報デバイス事業の2024年4～6月期の業績について、売上高は796万5000円（前年同期比82.7％減）、セグメント損失は9269万2000円（前年同期はセグメント損失6779万5000円）に悪化したと発表した。網膜投影型ビューファインダであるRETISSA NEOVIEWERの販売減少および開発受託の納期ずれが要因となった。

開発受託については、次世代レーザ網膜投影型アイウエア（スマートグラス）に向け、アイトラックをはじめ各種要素技術開発を7～9月期での開発受注に向けて取り組み中とした。

レーザー網膜投影機器の販売状況については、①RETISSA MEOCHECK、②RETISSA NEOVIEWER、③RETISSA ONHAND、④RETISSA Display II＋RD2CAM、のそれぞれで販売チャネルを確保し、国内出荷やさらなる受注に向け取り組み中とした。

「RETISSA Display」2号機

25年3月期の売上高は、前年度比78％の2億4400万円になる見通し。スマートグラス・眼底撮影装置など受託開発進展と、黒字化達成と安定収益への準備の年になるとした。また、網膜投影機器新技術開発、製品開発・製造・販売については、企業との連携と海外展開を進め、スマートグラスの国内外のエコシステムの構築を図り、③RETISSA ONHANDの海外販売と生産の立ち上げ、①RETISSA MEOCHECKの海外への販売展開を開始する計画だ。

RETISSA新製品で標準機化を視野

同社では、自社開発したレーザーを搭載した走査型網膜投影ビューファインダー「RETISSA Display」シリーズの新製品の開発を進め、2023～24年度内に製品化して量産展開し、25年度には累計販売台数10万台、売価10万円で年間生産5万台を目指すとしていた。

24年3月期時点では、事業化パートナーと共にプロトタイプを開発するなど標準化モジュールを志向した活動を継続しているものの、具体的な売価や販売数量については非公表に変更している。レーザーアイウエア「Retissa Display3」として開発を進展させ、26～27年度の上市を予定している。

要素技術開発としては、①小型・低消費電力な集積光源で標準モジュール、②直接網膜投影では前例のない高画質（1080P）対応を開発中、③アイトラッキング駆動システム（特許登録済）の3つを掲げて注力している。

約2年間で累計800台出荷

レーザアイウエア事業では、レーザー網膜投影技術を用いたメガネ型ディスプレーのRETISSA Displayシリーズを展開し、18年7月に初号機（製造終了）を、19年に2号機を販売開始した。20年には、医療向けモデルの「RETISSA メディカル」が新医療機器としての製造販売承認を取得し、21年から市場展開している。22年3月時点で、同シリーズの累計出荷台数は800台に達した。

民生福祉機器として展開するRETISSA Display IIは、RGBレーザーとMEMSミラー、リフレクターを搭載し、RGBのレーザー光を縦横に走査させて映像を作りだす仕組みだ。独自の超小型レーザープロジェクターから、網膜に直接映像を投影する技術「VISIRIUM Technology」を用いて実現した。映像は、HDMIで接続したスマートフォン（スマホ）やタブレット、PCなどから投影される。解像度は720P相当、リフレッシュレートは60Hz、バッテリー駆動時間は180分程度。アイウエア（プロジェクター部のみ）の重さは約40g、外付けのコントロールボックスは約460g。

網膜走査型のため、視力やピント位置に依存することがなく、映像を見ることができる。装着者のピント調節機能によらず、ピントの合った映像を見せられるフリーフォーカスであることから、ロービジョン（矯正視力が0.3～0.5未満）者や、矯正視力が0.05未満の社会的失明者に対する視覚支援機器として、生活の質の向上に寄与する。

22年1月には、IECによりレーザー網膜投影製品について国際標準が発行された。走査型網投影デバイスの画像品質の評価方法が制定されたことで、同社製品の「視力に寄らない鮮明な画像」という性能を客観的、定量的に示すことが可能になったため、一定水準の同業他社が増えることで、品質保証や粗悪品の排除が実現され、健全な市場拡大に繋がるとしている。

メディカル用途に注力、ロービジョンから「見える」へ

RETISSAメディカルは21年1月から販売展開を開始した。同製品はレーザー網膜走査技

術VISIRIUMテクノロジーを用いた視覚障碍者向け医療用ヘッドマウントディスプレーとの位置づけで、20年1月に新医療機器として承認を取得した。三原色レーザー光源からの微弱な光と高速振動する微小な鏡（MEMSミラー）を組み合わせ、網膜上に映像を描き出すレーザー網膜走査技術VISIRIUMテクノロジーを採用したヘッドマウントディスプレーで、超小型プロジェクターユニットから、片眼の視野中心部（水平視野角約26°、アスペクト比16：9）に、デジタル映像を直接投影することができる。同機種は、眼鏡やコンタクトレンズでは十分な視力が得られない不正乱視者を対象とし、眉間の部分に搭載されたカメラからの映像を投影することで視力を補正する。

①【視力の補正】は網膜投影による視力補正が期待できるほか、デジタルズーム（2倍）の併用により、さらなる見え方の改善が期待できる。②【読書速度の向上】は、1分間に読める文字数が増加することで、よりスムーズな読書が可能になると考えられる。③【読書視力の向上】は、より小さな文字が読めるようになり、読書視力の向上が期待できる、という。

同社は視覚支援機器の提供により生活の質の向上に寄与することにも注力しており、全世界で2.5億人と推定されている、矯正眼鏡を装着しても視覚に不自由さを抱えるロービジョン者の「視えづらい」を「視える」に変えるプロジェクト「With My Eyes」を発足している。22年3月にプロジェクト第3弾となる企画を、ソニー㈱の機材提供などの協力のもとで実施し、その様子をおさめたドキュメンタリームービーなどを公開している。

Shiftall

元パナソニック社員が VRヘッドセット「メガーヌX」を開発

㈱Shiftall（シフトール）は、元パナソニック社員の同社CEO岩佐琢磨氏が設立し、2018年4月に株式売却によりパナソニック㈱の100%子会社となった。24年2月1日付で、パナソニックHDが保有するShiftallの全株式を㈱クリーク・アンド・リバー社（C&R）に譲渡することが発表され、今後はC&R社の持つVRやメタバースに関するビジネス向けのコンテンツ開発やシステム開発、ハードウエア販売事業とのシナジーの発揮を図るとしている。

MeganeX superlightを24年内に上市予定

24年1月には、200gの超軽量VRヘッドセット「MeganeX superlight」など3種類のメタバース向け製品の開発を発表した。MeganeX superlightは、5.2K/10bit/HDRのマイクロOLED（OLEDoS）ディスプレーを搭載した超軽量の6DoF対応VRヘッドセットで、「MeganeX（メガーヌエックス）」の約半分の重量を目指し、限界まで軽量化チューニングを施すことで、装着性を大幅に向上させたモデルという。

5.2K HDR対応OLEDoSパネルの性能はそのままに、Inside-Outカメラやスピーカー、テンプルを無くし、MeganeX比でFOVをさらに広げた全樹脂製レンズを採用。SteamVR Base Stationに対応し、高精度なトラッキングを実現した。24年中の発売を予定している。

5.2Kの有機ELディスプレーを搭載

パナソニックでは、メガーヌXの前身とみられる外観の、4K相当の解像度を持つVRヘッドセットの試作機をCES 2020で出展。翌年のCES 2021では5.2K、1.3型のOLEDoSを搭載した試作機を発表した。

CES 2022で披露されたメガーヌXは、OLEDoSの高画質はそのままに、プラットフォームにはクアルコムの「Snapdragon XR1」を搭載し、最大リフレッシュレート120Hzに対応させた製品となった。

OLEDoSは、米Kopin（コーピン）が提供したと発表している。ディスプレーを含む光学系が同社製で、コーピンが手がける「Lightningマイクロ有機ELディスプレー」と、世界初のオールプラスチック素材のパンケーキ構造の光学モジュール「Pancakeレンズ」を採用した。

メガーヌXには、コーピンの1.3型OLEDoSと樹脂製パンケーキ光学系を採用したことで、非常に小さなフォームファクターを実現した。ディスプレーは解像度2560×2560（片目、2.6K）のディスプレーオンチップ（DoC）で、光学系の最適化により大きな視野（3mの距離から見て200型以上に相当）が提供できる。また、従来よりも優れた画質と小型サイズ、軽量、低コストを実現しているという。

コーピンの2.6K OLED DoCは、同社が特許を持つバックプレーン構造により消費電力を抑制しており、最大120Hz、10ビットカラー（フルカラー30ビット）の非常に高いフレームレートを実現するように設計されている。同社のColorMax技術を活用し、パートナーである中国のLakeside Optoelectronic Technology Co., Ltd.（レイクサイド）と共同で、デュオスタック構造の有機ELを最適化し、カラーフィルターのバンドパスと一致するカラースペクトルを出力し、高い色再現性と、非常に高い電流効率による高い輝度を両立している。

また、瞳孔間距離（IPD）と視度調整機能を搭載しており、矯正レンズなしで使用できるほか、DoF（Degree of Freedom）は6DoF対応。接続方式はDisplay Port Alternate Mode on USB-CまたはDisplay Port＋USB 2.0（付属のインターフェース変換BOXを利用した場合）とあり、スタンドアローンではなく有線タイプの機種になる。

23年に約25万円で販売へ

22年1月、米ラスベガスで開催されたエレクトロニクスショー「CES 2022」に合わせ、VRヘッドセット「MeganeX」、ウエアラブル冷温デバイス「Pebble Feel（ペブルフィール）」、メタバース対応音漏れ防止機能付きマイク「mutalk（ミュートーク）」の3製品を発表した。

同社ではメタバース用モーショントラッキングデバイス「HaritoraX」やLUMIXバーチャルデータ販売などを手がけてきたが、これら3機種の発表により、本格的にメタバース事業へと参入すると表明した。また、これら3製品はパナソニックと共同開発したものだが、Shiftall

製品として販売展開していく。VRヘッドセットのメガーヌXの販売予定価格は10万円未満（税込み）だった。22年春に発売予定だったが、新型コロナウイルスの蔓延による影響や半導体不足の影響を受け開発スケジュールの見直しが必要となったことから、発売を22年内に延期し、最終的に24万9900円（税込み）で23年7月の発売となった。

没入型VRヘッドセット「MeganeX（メガーヌエックス）」

セイコーエプソン

モベリオに3400ppiシリコンOLEDを搭載

セイコーエプソン㈱は、ARスマートグラスの「MOVERIO（モベリオ）」を2011年から製品展開している。17年には、超高精細なマイクロ有機ELディスプレーを搭載したスマートグラス「MOVERIO BT300」を発表した。従来品は高温ポリシリコン（HTPS）ディスプレーを用いていたが、同社の持つ半導体とディスプレー製造技術を駆使し、0.43型で約3400ppiを実現した「シリコンOLED（OLEDoS）」を完成させ、新製品に採用した。

2024年現在は、特に目立った動きは見られないものの、事業を縮小する方向にも拡大する

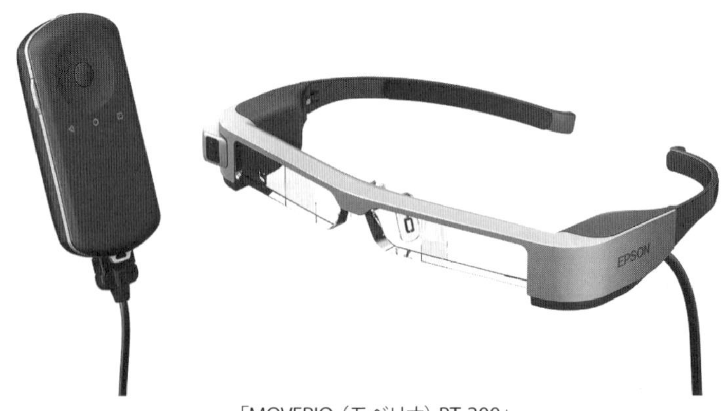

「MOVERIO（モベリオ）BT-300」

方向にもなく、現状維持を粛々と継続している。近年は、社内のデバイスとコラボしてデータ収集をするなどに活用してきている。

例えば、モベリオを他の製品と組み合わせて提案することで、ニッチな市場に訴求するソリューション展開を進めている。具体的には、同社で手がけている、センシングデバイス「ゴルフスイング解析システム M-Tracer」とのコラボレーションだ。スウィングの計測結果を、リアルアイムにスマートグラスで確認することができる。従来は、わざわざスマートフォンを取り出して、小さい画面で計測結果を確認しなければならなかった。

これについては、パートナー企業との協業し、ゴルフのコンサルティング事業をパートナーが手がけている。ゴルフのレッスンやユーザーの上達に返還させるという作業を手がけ、エプソンはハードやアルゴリズムを提供し、オープンイノベーションで事業展開を図っている。

社内にあるセンシングデバイスと、そこから得たデータを可視化するものがモベリオの役割だ。データは可視化して初めて価値を提供できるため、これらをソリューションとして一貫で展開できることが強みになるとしている。また、同様のニッチかつ必要とされる市場は必ず存在し、きめ細かい対応が求められる。そこが同社製品が貢献していける分野としている。

光学エンジン「VM-40」を外販展開

20年10月、より高精細化したOLEDoSを搭載した、次世代スマートグラス用光学モジュールを開発し、外販展開を発表した。開発したのは、同社最先端の光学技術を搭載した、第4世代スマートグラス向け光学エンジン「VM-40」だ。次世代MOVERIOシリーズ向けに展開するほか、今後大きな成長が期待される民生や産業領域のスマートグラス市場に向け、光学エンジンモジュールの外販も開始した。

新開発の光学エンジンは、エプソン独自のOLEDoSディスプレーと光学技術により、同社従来製品比で精細度1.5倍、コントラスト5倍、画角1.5倍を実現した。スマートグラスの開発、製造を検討している開発者や事業者は、この進化した光学エンジンを活用することで、高画質なシースルー映像を実現する、スマートグラスの開発や製造が可能になる。

同製品のスペックは、OLEDoSディスプレー＝0.453型、解像度／リフレッシュレート＝1920×1080／60Hz、視認輝度＝1000cd/m^2、

モベリオは様々なシーンで採用

コントラスト＝50万：1、画角＝34°（対角）。

同社は、MOVERIOシリーズを、実際の利用者視点に立ち、民生・産業領域に向けて展開、新しい利用シーンの創出を進めてきた。こうした活動の中で、特定の利用シーンに対して多くのカスタマイズ要望が、ユーザーから寄せられているという。

また、新型コロナウイルス感染の世界的な拡大により、業務用途では、製造業などの遠隔作業支援におけるスマートグラスのニーズが高まっている。個人利用においても、在宅で映画やSNS動画を視聴するといった巣ごもり需要などもあり、今後もスマートグラス市場は拡大傾向にある。このような状況を踏まえ、スマートグラスによる新しいユーザー価値の創造を加速すべく、光学エンジンモジュールの外販を開始したという。MOVERIO完成品事業の成長だけでなく、コアとなる光学エンジン外販をもう1つのビジネスの核として、スマートグラスに求められる様々なコア技術を有する企業とのパートナーシップによる、ハードウエアプラットフォームを構築していく。

また、関連会社のエプソン販売㈱では、コントローラーセットモデル「BT-40S」とヘッドセット単体モデル「BT-40」を販売している。「BT-40S」は、光学エンジン「VM-40」を搭載した。ヘッドセット部に解像度1920×1080の0.453型OLEDoSを搭載し、左右の側部に光学系を内蔵して投写映像をプリズムで反射させ、前面のハーフミラー層に24bitカラー（約1677万色）の映像を映せる。5m先で120型相当、2.5m先で60型相当の高精細で迫力の大画面映像を視聴できる。重さは約165g、シェード、ケーブルなどを除く重さは約95g。

モベリオがコロナ下の中国でB2C伸長

MOVERIO BT300には、同社の持つ半導体、ディスプレー製造技術を駆使し、0.43型で約3400ppiを達成したOLEDoSを搭載した。さらに、20年10月には、より高精細化したOLEDoSで次世代スマートグラス用光学モジュールを開発し、外販展開も開始しており、11年から着々と市場を開拓してきたモベリオは、新たな事業フェーズを進んでいる。

モベリオは、コロナウイルスが疑われだした19年末から20年2月まで、中国を中心に国内外で需要が拡大し、一時期は在庫が店頭も含めてすべて売り切れてしまったという。また、エプソン社内での需要も伸び、合計で数万台を出荷した。20年3月から増産して20年5月には再販が可能になったが、遠隔操作需要が大きかった一方で、観光用途は減少したため、売上金額としては計画値の1.3倍程度となった。

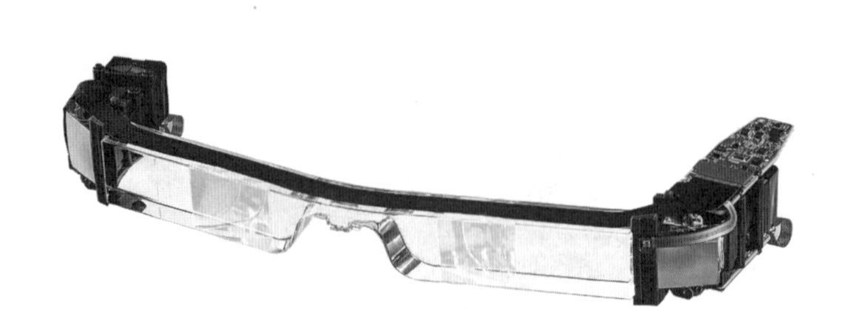

光学エンジン「VM-40」は4900ppi

市場としては新しい用途が生まれたのではなく想定内としており、コロナによって需要が加速したものと判断している。スマートグラスやヘッドマウントディスプレー（HMD）のように過渡期にあるデバイスでは、試したものの投資を躊躇している客層が一定数存在し、そこが一気に投資に踏み切り、先行していたユーザーからは追加需要があったという。

また、コンシューマー用途が顕著だったのは中国で、TVの代わりにモベリオが購入され、B2C用途が拡大した。中国の若者が大型のTVを持たず、発達した国内ネットワークを利用してスマホで視聴するケースが多いためだという。

国内・中国向けのモベリオはUSB Type-Cを採用し、スマホを直接つないで動画などの視聴ができる。ロックダウンで家の中に居続ける状況下で、スマホをずっと持って生活するわけにもいかず、大画面で手ぶらで視聴できるモベリオのニーズが顕著になったと見ている。こういったB2C用途については、映像の視聴スタイルの変化を提案すべくマーケティングの最中だったが、コロナ禍で一気に普及していったという。

光学エンジン「VM-40」については、モベリオは同社ブランドとして展開してきたが、光学エンジンは外販し、パートナーとの協業を加速させていく考え。オープンイノベーションにより様々な用途が生まれると期待しており、より広範な市場展開が狙えると見ている。

スペックとしては、BT300のOLEDoSが0.43型で1280×720の約3400ppi（HD）であるのに対し、新製品では0.453型で1920×1080の約4900ppi（FHD）で、微細化を進め、高画素化を図った。（光学的には画角が従来比1.5倍になり、画面サイズも1.5倍になったため、微細化で解像度を向上しなければ、画面でドット模様が見えてしまう）

また、同社は光学設計技術を持つため、ガラスではなく樹脂を導波路に用いて、軽量、薄型に寄与させた。高精度に成形できる樹脂や、小型で高効率な電池が開発されれば、スマートグラスの開発は劇的に進化すると見ている。このほか、OLEDoSのディスプレーのみの事業展開については、販売のみという要望にも対応はするものの、自社設備を拡張してまで手がけることはないとしている。

OLEDoSは富士見事業所（長野県）で製造しており、第4世代（基板）規模のラインを持つことから、相当数にも対応できる。現状以上に数量を賄う必要があれば、技術供与やロイヤリティービジネスなどの展開をする考え。

スマートグラスは市場の空白地帯にフィット

スマートグラス市場については、今あるディスプレーの空白地帯を埋めるのが、モベリオのようなスマートグラスというデバイスであるとの考えだ。では、どこが空白なのかというと、大画面かつ高精細で持ち運びができる分野がデバイスの空白地帯になっているという。

ディスプレーは4K、8Kへと高精細化したが、モバイル性に長けているものは存在しない。また、4K、8Kレベルの高精細を表現でき、かつ人間の眼で満足に認識できるディスプレーとなると、スマホやPCサイズではなく、少なくともTVの大きさが必要になる。TVは今後も大型化が進む見通しだが、映像を見ていない時に大きな黒いものがリビングなどに存在することになり、非常に空間を阻害するモノになってしまう。ここを解決するのが、スマートグラス、との考えだ。

これまで、スマートグラスとは、実際の空間にはないものが見えるとか、AR／MRなどの難しい世界がイメージされてきた。しかし、シンプルに市場の空白を埋める高精細で大画面のモバイル、という新しいディスプレーだと捉え

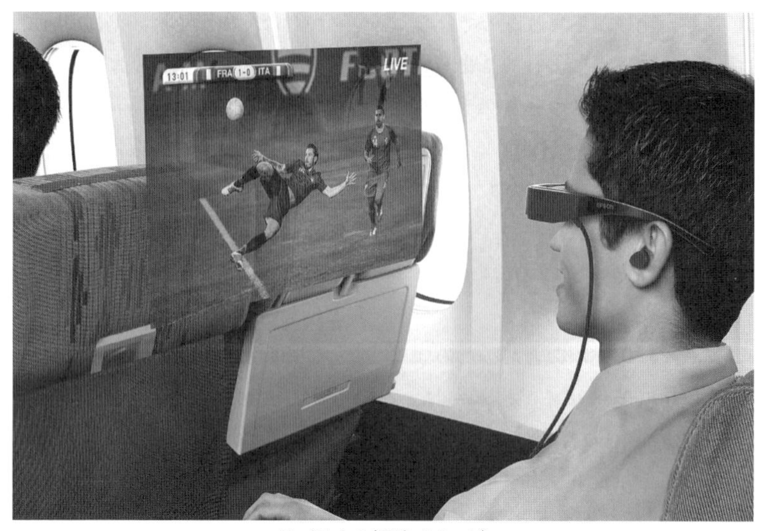

モベリオの視聴イメージ

ると非常にわかりやすい。

同社では、この分野を視野に製品開発や展開を続けてきた。TVやPCが4Kになったからと、それに追随するのではなく、大画面で最適な視野にするにはFHDや4Kが必要という観点からデバイスを進化させてきている。スマートグラスは、大画面のセカンドモニターとして、プライバシーを守るような世界を作ることができる。コロナ自粛で気付かされた、ディスプレーに対する不満やニーズといったものがコンシューマー用途からも出てくれば、これまでのスマートグラスのあり方をシンプルに置き換えて、市場を拡大させていくエンジンの1つになると捉えている。

スマートグラス（市場）の進化のエンジンとしては、第5世代通信（5G）を挙げている。CPUの処理や通信といったデバイスは飛躍的に進化したが、ディスプレーの形はもう何年も変化していない。これでは、5Gになって情報量が増えても、システムは処理できるものの、可視化するという重要な部分で表現ができないため、取得したデータが意味を持てなくなってしまう。データは可視化して初めて活用できるものであり、そのためには、現状のままのディスプレー形状は、ボトルネックになっていくと見ている。

ソニーグループ

HMDにOLEDoSを採用

ソニーグループ㈱は、これまで数々のヘッドマウント機器をリリースし、新たな映像表現の世界を切り開いてきた。

2011年11月に発売したヘッドマウントディスプレー（HMD）「HMZ-T1」は、Personal 3D Viewerと銘打たれ、映画などの映像コンテンツを個人で楽しむことを目的に商品化した。20m先に750インチ相当の大画面を表示することができ、HMDとして初めて0.7インチで280万画素（720p）のHDマイクロ有機ELディ

HMZ-T1はOLEDoSを初めて搭載した

スプレー（OLEDoS）を採用し、このパネルを右目用と左目用に2枚搭載して、それぞれ独立したHD映像を表示して3Dを実現した。13年11月に第3世代となる「HMZ-T3」がリリースされ、OLEDoS搭載HMDの基礎を築いた。

また、13年8月には、メディカル関連機器として、内視鏡の映像信号の入出力や映像制御などを行う「ヘッドマウントイメージプロセッサユニット」と、その内視鏡からの映像を頭部に装着したディスプレーに3D／2Dで表示する「ヘッドマウントモニター」(HMM) のセットを発売した。HMMには、高い色再現力を持つ0.7インチHD (1280×720画素) OLEDoSを搭載。独立した左右用の3D映像を常に表示するデュアルパネル3D方式を採用し、クロストークをなくした。

PSVR2を23年2月に発売

HMDとして最大のヒットを記録したのが、ゲーム事業を展開する㈱ソニー・インタラクティブエンタテインメント（SIE）が16年10月にリリースしたPlayStation 4（PS4）用VRヘッドセット「PlayStation VR（PSVR）」だ。世界

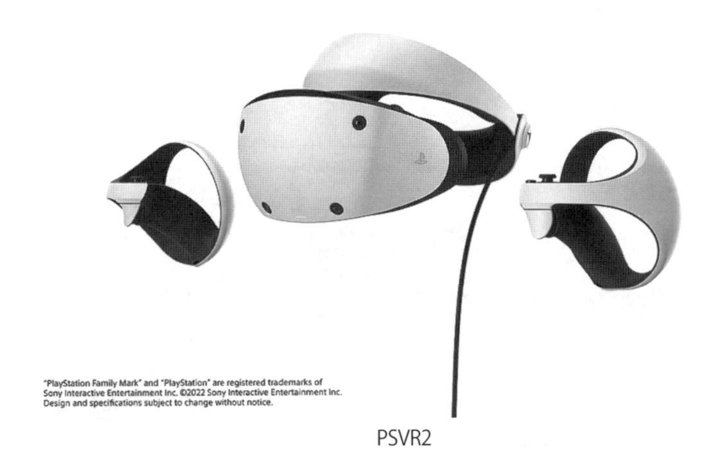

PSVR2

で500万台以上を販売（19年末時点）したと公表されており、発売当初は入手が非常に困難になるほどの人気を博した。

これに続き、SIEは23年2月、PS5用の新型ヘッドセット「PSVR2」を発売した。ディスプレーに関して、初代PSVRは5.7インチで385ppiのリジッド有機ELを1枚搭載していたが、PSVR2は両目用に2枚使いとした。3.36インチで2000×2040画素のリジッド有機ELを2枚搭載し、850ppiまで解像度を高めた。ちなみに、このパネルはSamsung Displayが供給したとみられる。ただ、販売に関しては苦戦を強いられているようで、発売後6週間では初代PSVRを上回ったものの、発売約1年後の24年3月時点で200万台を生産したものの、出荷台数は減少傾向にあると報じられた。

空間コンテンツ製作を支援するXR用システムを開発

ソニーは24年1月、4KのOLEDoSやビデオシースルー機能を搭載したXR-HMDと、3Dオブジェクトの精密な操作に最適化したコントローラーを備え、高度な空間コンテンツ制作に対応する没入型空間コンテンツ制作システムを開発した。24年中に発売予定だ。

同システムは、4KのOLEDoSや独自のレンダリング技術を搭載し、3Dオブジェクトの質感や人の表情までリアルタイムかつ高精細に表現することができる。片眼4K、両眼8Kの高解像度を持ち、DCI-P3を最大96％カバーする大型の1.3インチOLEDoSを搭載。3Dオブジェクトの質感や色を精細かつ忠実な色再現で表示することができ、クリエイターがHMDを装着したまま、モデリングから質感や色の確認までの工程を行うことが可能だ。

同システムにより、高精細なディスプレーを用いてXR環境で実寸大モデルを確認しながら、汎用のコントローラーでは難しかった3Dモデルの制作、修正が行える。加えて、アプリケーションとの連携による遠隔拠点間での同時レビューに対応し、同システムを装着したまま、一連の工程を直感的かつ没入環境で行うことが可能だ。

プラットフォームには、クアルコム製の最新XRプロセッサー「Snapdragon XR2+ Gen 2」を採用。4KのOLEDoSによる高画質な映像体験や、空間認識機能によるシームレスなXR体験を支え、クリエイターの制作ワークフローで求められる高い性能水準に対応する。

今後、エンターテインメントや工業デザインを含む、様々な3D制作ソフトウエアへの対応

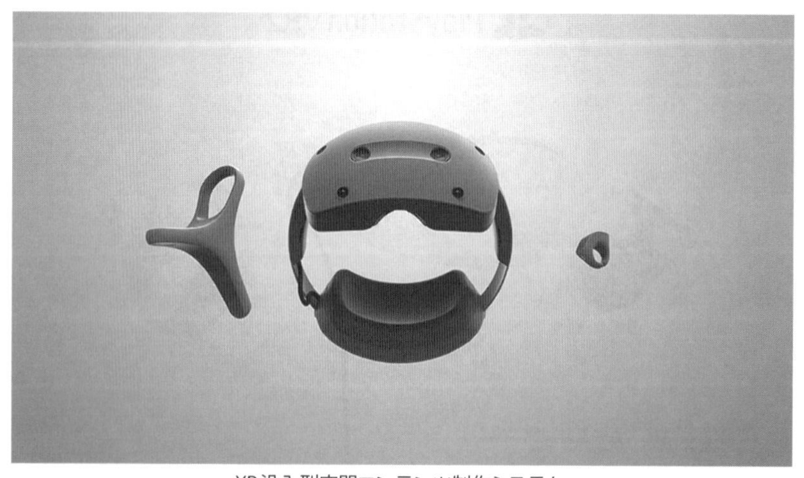

XR没入型空間コンテンツ制作システム

を予定している。第1弾として工業デザイン分野をリードするシーメンスと協業し、同社のオープンデジタルビジネスプラットフォームSiemens Xceleratorのソフトウエアを使用した、没入型のデザイン体験とエンジニア間のコラボレーションを実現する新しいソリューションを導入する。シーメンスは、産業用メタバースの重要な礎である没入型のエンジニアリングを実現していく。

グラス用モジュールも提供

ソニーは、スマートグラス用モジュールも展開してきた。

ソニーセミコンダクタソリューションズ㈱は18年、ユーザーが簡便にスマートグラス化できる片目用のホログラム導光板ディスプレーモジュール「SED-100A」の展開を開始した。重さはわずか13gで、厚さ1mmのガラス導光板に、文字や画像を映すことができる。04年から研究を開始し、12年に眼鏡タイプのスマートグラスを米国で展開し、シネコンチェーンで聴覚障がい者向けの字幕表示に採用されたことが参入のきっかけとなった。

15年に開発者向けの限定製品として、SED-100Aと同様のディスプレー技術を使った眼鏡タイプ「SmartEyeglass」を国内外でB2B向けに提供を開始した。具体的な使用例として、顔に装着する保護グラスや軽量フレームにモジュールを搭載した山本光学の「Versatile（バーサタイル）」などに採用された。モジュールは、LED光源、マイクロディスプレー、コリメーターレンズとディスプレードライバーICで構成される光学エンジン部分と、画像を投影するガラス回折導光板（ホログラム導光板）の2つで構成。マイクロディスプレーには、小型の高温ポリシリコン（HTPS）透過型液晶パネルを使用した。

第2章

マイクロディスプレー動向

マイクロディスプレー動向

VRはLCD、ARはOLEDoSが当面は主流

XRデバイスに搭載されるマイクロ／小型ディスプレーには、液晶ディスプレー（LCD）、シリコンベースの有機EL（OLEDoS）、マイクロLED、LCOS（Liquid crystal on silicon）、レーザーモジュールなどがある。

VRヘッドセットへは、2型以上の小型LCDが採用されている。LCDはLEDバックライトを搭載しているため高輝度にでき、長寿命で、高精細化も技術的にこなれていることから価格も比較的安価にできるというアドバンテージがある。これらはコンシューマー向けがメーンのVRヘッドセットにとって必須要件であるため、同デバイスにはLCDが主流となっている。頭や顔に装着するものであることから、筐体の薄型化や軽量化は当然の課題だが、ディスプレーの小型化は必ずしも必須要件とはならない。VRヘッドセットでは目の前に鮮明な画像を出すことが要求されるが、人間の眼で画像を捉えられる範囲は決まっている。これをアイボックスと言うが、この範囲が2型以下のディスプレーになると、少し眼球を動かしただけでズレてしまうため、マイクロディスプレーの領域まで小型にするメリットがない。それでも、アップルのVision Proには1.4型のOLEDoSが搭載されたと言われるが、これは同社ならではの光学系を含む様々な部材の設計力とそれにかけるだけの費用と製品価格が成せるワザである。VRヘッドセット向けのLCDディスプレーは、2型以上で高精細化を目指す方向にある。

OLEDoSは、カメラのEVFでシェアトップの実績を誇るソニー製品が有名XRデバイスメーカーの製品に採用されてきている。日本ではソニーのほかエプソンとキヤノンもOLEDoSを製造できるが、エプソンは自社OLEDoSと光学系をモジュールにした製品を外販展開しており、両社ともにディスプレーのみを外販する方針にはない。OLEDoSはシリコン基板上に有機EL層を形成するディスプレーのため、数量がウエハーサイズに律速されてしまう。8もしくは12インチのウエハーから2型程度を取るにはほぼ100％の歩留まりでも数十個程度しか取れず、生産技術、価格面での懸念が残る。ここをとにかく数量でカバーすべく、12インチの大型OLEDoS工場の建設が、中国新興メーカーを中心に急ピッチに進められている。2025年までには中国OLEDoSメーカーの12インチ工場が多く竣工、稼働開始するため、過去にない多くのOLEDoSが市場に出回るようになると見られる。ハイエンドのAR／MRデバイスにはソニー製が、それ以外には中国メーカー製品がというすみ分けがされていきそうだ。また、1型以下の大きさがメーンだったが、1.3、1.4型など徐々に大型化が進められている。

マイクロLEDは、フルカラー化に課題が多いことから単色のディスプレーがARデバイスなどに採用されている。精力的にマイクロLEDを製造する中国のジェイドバードディスプレー（JBD）が、25年にワンチップフルカラーの「フェニックス」の量産を開始することから、今後徐々にフルカラーのマイクロLEDを搭載したXRデバイスが出てきそうだ。24年9月末にメタが発表したARグラスのプロトタイプではマイクロLEDが採用され、どうやらフルカラー表示を想定しているようだ。この発表では、今後数年内にマイクロLEDのフルカラーディスプレーが実現されると見ていることが伺えた。

これらのほか、レーザーモジュールの可能性も出てきている。ただし、製品化しているのは

TDKと福島大学＋セーレンKST＋シチズン電子のみである。同モジュールは網膜に直接投影する光学方式が最適のようで、TDKと協業するQDレーザが網膜投影型のARグラスを製品展開している。視力の良し悪しにかかわらず映像を見ることができる方式のため、医療向けでの貢献度が高そうだ。TDKは高精細化が可能な技術を開発しており、量産にこなれた製造方法で展開できることから価格的にも優位なため、今後コンシューマー向けでの展開に注目が集まる。

LCOSについては、これまでに世の中に出てきた何かしらのXRデバイスと称される製品で多く採用されており、同デバイス市場では最も多いディスプレーと言われている。しかし、輝度不足が解消できないようで表舞台から遠のいている。今後は、VRではLCDが、ARではOLEDoSが当面の主流であり、ARでは数年内にフルカラーのマイクロLEDが台頭してくるという流れになるだろう。

サムスンディスプレー／イメージン

2024年5月、シリコンウエハーを用いた有機ELマイクロディスプレー（OLEDoS）を製造する米eMagin（イメージン、米ニューヨーク州）を、サムスンディスプレー（SDC）が買収した。SDCによる買収金額は2億1800万ドルで、23年10月に取引を完了した。イメージンは引き続きニューヨーク州ホープウェル・ジャンクションに事業と施設を維持している。

イメージンのCEOだったAndrew G. Sculley氏は、「SDCと組むことで、生産規模を拡大するために必要なリソースや専門知識を提供できるパートナーとともに、当社の次世代マイクロディスプレー技術の可能性を最大限に発揮できるようになる」とコメントした。SDCは「XRデバイスは将来的に大きな成長の可能性がある。この分野におけるイメージンの技術により、当社はより多くの顧客に革新的な製品を提供し、XR関連事業を強化できる」と、買収による戦略的意義を強調した。

イメージンの拠点は存続（同社HPより）

SDCがRGB方法のOLEDoSを発表

SDCは、24年1月に米ラスベガスで開催されたCES 2024でRGB（赤緑青）塗り分け方式で製造したOLEDoSを発表した。買収した米イメージンの技術を用いたとみられる。

現状、OLEDoSはWOLED方式という白色発光の有機ELにカラーフィルター（CF）でRGBの3

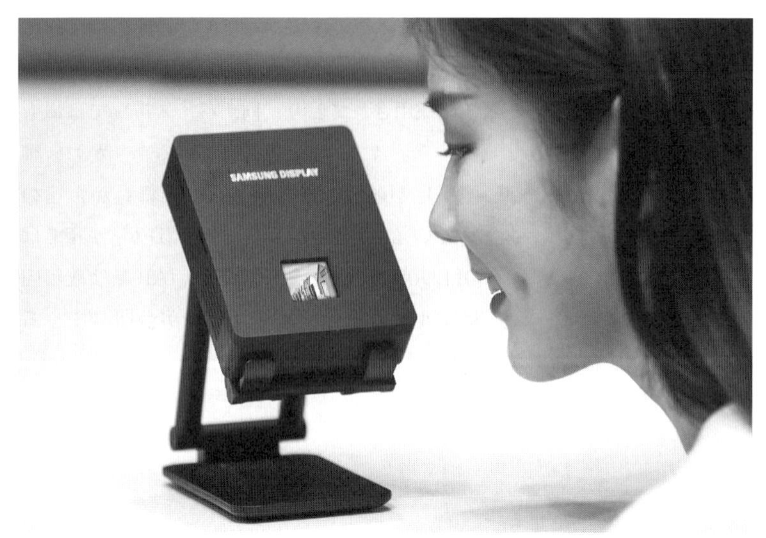

SDCがCES 2024で発表したOLEDoS

色を表現する方式でしか作られていないが、塗り分け方式が実現すれば、CFが不要になることや発光材料を多層化するタンデム構造も可能になるため輝度向上が実現し、他社との差別化が図れる狙いがある。

また、24年5月に開催されたディスプレー学会のSIDでは、OLEDoSも多数展示した。買収した米イメージンとともに、RGB発光層を蒸着する際に用いるファインシリコンマスク（FSM）を初めて披露。FSMは、半導体露光プロセスでシリコンに微細加工を施してマスクを製造するため高解像度化が期待できる。展示したFSMは3500ppiを実現した。また、このFSMを用いて試作したとみられる3500ppiのフルカラーOLEDoSも展示した。

SDCがマイクロソフトに供給か

24年夏には、米マイクロソフト（MS）が開発中の次世代MRヘッドセットに対し、SDCがOLEDoSを開発・供給する契約を結んだと、複数の海外メディアが報じた。この機器が公開されるのは早くて26年だという。

具体的なスペックやサイズ、数量は明らかになっていないが、数十万台規模と報じているところもある。シリコンバックプレーンをサムスン電子のシステムLSI事業部が設計し、サムスンのファンドリー部門で製造。これにSDCが白色有機EL発光層を形成して封止し、再びシステムLSI事業部でCFやマイクロレンズアレイを実装するという。

MSは、3Dグラフィック映像を現実世界に重ね合わせて表示できるMRヘッドセット「ホロレンズ」を開発・商品化していたが、第3世代品の開発を中止したといわれており、現在はホロレンズ2のサポートに特化している。開発中の次世代MRヘッドセットは、主にゲームや映画などのコンテンツを楽しむエンターテインメント端末になると噂されていた。

イメージンは独自のdPd技術を保有

イメージンの製造施設は、ニューヨーク州ホープウェル・ジャンクションにあり、約1580m^{2}の敷地にクラス10クリーンルームを含む約3900m^{2}以上の製造スペースを持つ。

軍事、コンシューマー、医療、産業市場に顧客を持ち、ダイレクト・パターニング技術（dPd）

など、未来のディスプレー技術を開発、設計、製造している。2001年から、同社のマイクロディスプレーは、AR／VR、航空機のコックピット、ヘッドアップディスプレーシステム、サーマルスコープ、暗視ゴーグル、未来の兵器システム、その他様々な用途で使用されている。

22年4～6月期の売上高は、前年同期比14％増の720万ドルとなり、営業損失は180万ドル（前年同期は290万ドルの赤字）と縮小した。政府プログラムから提供される助成金で製造プロセスの改善と大幅向上を図ったことで、業績は22年7～9月期で改善するとの見通しを示した。

売上高の拡大には、3四半期連続でスループットが前年比で増加したことが寄与した。製品別には、ENVG-Bプログラムおよびその他の軍事プログラムからのディスプレーの売り上げは引き続き増加し、獣医および外科向けの売り上げも増加した。また、同四半期には、より高度な組立を可能にすることで大手元請企業との関係を強化し、光学手術用のヘッドアップディスプレー（HUD）を提供する顧客向けにディスプレーを出荷した。これは、熱兵器用照準器、軍事用暗視ゴーグル、医療用アプリケーションに使用される、同社のディスプレーに対する需要を反映したものとなった。

米陸軍のシミュレーション・訓練・計測プログラム執行局（PEO STRI）から、明るい昼間の状況でも高輝度と視認性を実現する、高性能マイクロディスプレーを米国内で確保するため、同四半期に250万ドルの2年間の開発契約を獲得した。この資金で、dPdディスプレーの輝度を大幅に向上させるバックプレーンを設計しており、今後国防生産法タイトル3および産業基盤分析持続化（IBAS）補助金で取得する機器の、潜在能力を最大限に引き出していくとした。

20年に交付された3900万ドルの国防生産法タイトル3およびIBASプログラムの資金助成金の投資状況については、購入予定のすべての機器の発注を終え、22年4～6月期末時点で4つの機器を認定して生産ラインに導入し、その後も3つの機器を追加導入した。さらに、先進のdPd有機蒸着装置を含む5つの主要装置を発注した。AR／VRの顧客向けの生産で、歩留まりとスループットの改善を図っていく。

dPd技術で1万ニット、WUXGAを達成

21年12月、独自のダイレクトパターニングディスプレー（dPd）技術を採用し、世界初となる1万ニットの輝度を実現したWUXGA（1920×1200ピクセル）の高解像度フルカラー有機ELマイクロディスプレーを開発し、試作品を発表した。これは、同社従来品のカラーフィルター（CF）＋白色有機ELマイクロディスプレーと比べて20倍の明るさで、同タイプで最新のマイクロディスプレーである「XLE」と比較しても、3～4倍の輝度を実現した。

dPdプロセスは光の吸収要因となるCFを不要にできる技術で、23年半ばに輝度をフルカ

イメージンのOLEDoS

ラーで2万8000ニットにまで高める計画だ。21年はその中間値として1万ニットを実現した。一方で、既存のCF＋白色有機ELタイプでも高輝度化を進め、新パネル「XLE」として21年上期に1500ニットを実現した。白色有機ELとCFを使用した同社の標準的なカラーディスプレーと比べ、5倍以上の明るさを実現した。これにより、dPdディスプレーを量産化するまでの間に、顧客により高輝度なディスプレーを提供することができるとした。

dPdでは、他社と協業してコンシューマー向けに展開する計画で、量産方法などについて開発を進めていく。すでに有名家電メーカーと共にAR／VRアプリケーションのコンセプト実証用ディスプレーの構築を進めているとした。22年には、高度な生産設備を導入してdPdディスプレーの生産を開始し、23年前半には研究開発フェーズから量産フェーズへ移行する計画だった。輝度と解像度の向上により非効率な光学系を削減することができるため、これまで技術的に難しかった、高度な新機能の実装が可能になるという。

同社COOのアマル・ゴッシュ氏は、「dPd技術を用いた同マイクロディスプレーは、AR／VRアプリケーションにおいて高度な光学系の使用を可能にし、同一の駆動条件下で消費電力と画像の焼き付きを低減する。将来的には、タンデム構造の有機ELディスプレーもラインアップし、AR／VRヘッドセットの性能をさらに高める機能について強化していく」と述べた。

政府から3910万ドルの援助を受けたニューヨーク州ホープウェル・ジャンクション工場の拡張については、クリーンルームを25％増床した。また、21年1月に110万ドル相当のウエハー検査ツールを受け取った。これらにより、歩留まりと生産能力が向上し、22年は製造環境の安定と改善が図れるとした。

コーピン

液晶、有機EL、LCOSマイクロディスプレー供給

米Kopin（コーピン）は、マイクロディスプレーとして透過型LCD（液晶）、強誘電体LCOS（Liquid Crystal On Silicon、FLCOS）、有機ELディスプレーの開発から生産販売までを手がけ、光学モジュール、低電力ASIC、およびディスプレーシステムソリューションを展開している。事業領域は軍事用途、エンタープライズアプリケーション、民生用アプリケーションに分かれる。

①軍事用途では、米軍向けのマイクロディスプレーの最大のサプライヤーとして、F-35戦闘機用のサーマル ウェポン サイト、ナイト ビジョン ゴーグル、パイロット ヘルメットに取り付けられたディスプレーなど、25台以上のシステム内にあるディスプレーとモジュールを提供しており、設計や高度な組立サービスも提供する。②エンタープライズ用途では、ディスプレー、光学モジュール、音声強調技術、低電力ASICや技術ポートフォリオによって、OEMが製品を迅速かつ効率的にデザインインできることに貢献している。3M、Fujitsu、Motorola、Realwear、Vuzixなど、幅広いエンタープライズおよび産業顧客で採用されている。③民生用途では、ウエアラブルヘッドセットを含む多くのポータブル電子機器に最適なマイクロディス

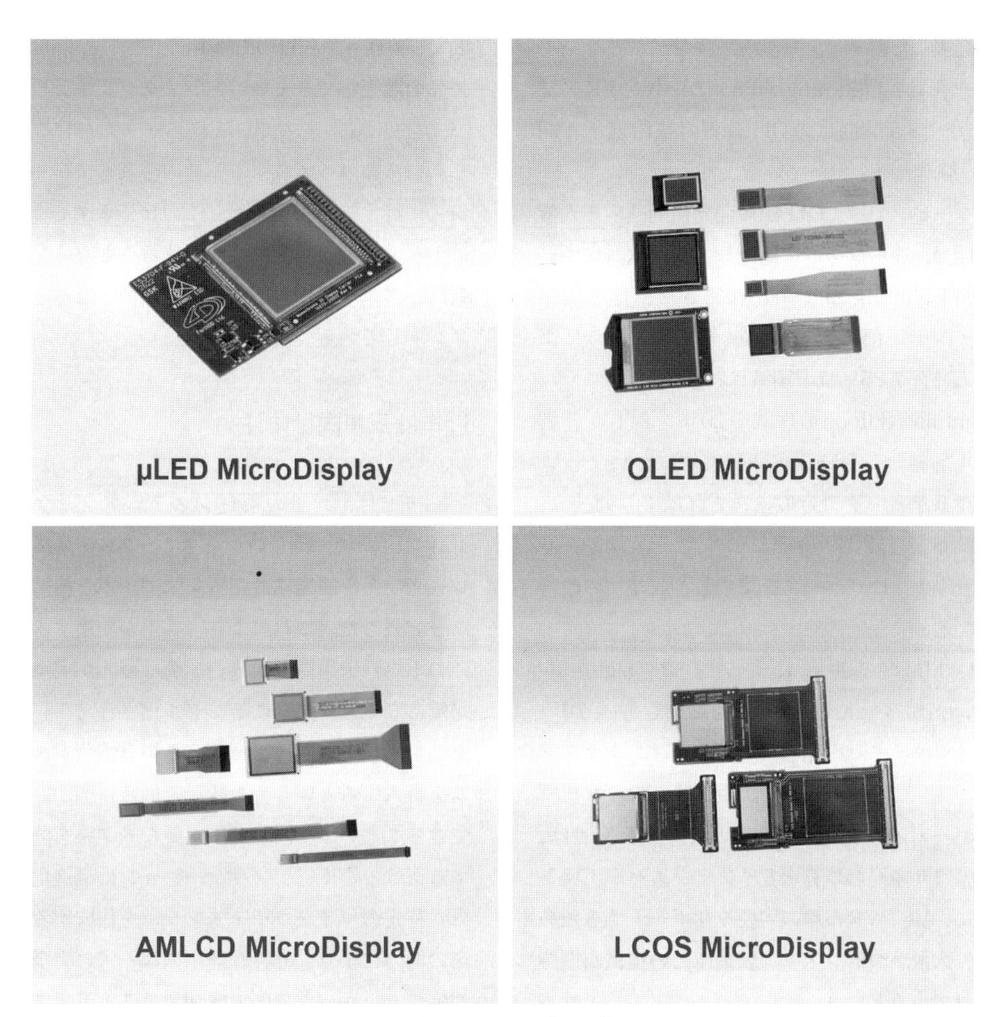

コーピンのマイクロディスプレー

プレーとして、カムコーダー、カメラ、ポータブルビデオビューアー、ドローン レーシングヘッドマウント ディスプレー(一人用)、スマートグラスなど、3000万を超える消費者向けデバイスに採用されている。

OLEDoS関連は子会社で継承、生産は中国企業に

23年1月、有機EL開発部門の一部スピンアウトと、人員削減を含む事業構造改革について発表した。同計画は、ビジネスおよびプログラムキャプチャーとプログラムマネジメントを分離する決定であり、同社の戦略的計画に合致したビジネス機会をパイプラインに蓄積することに集中し、一方、収益性にとって重要な顧客に「オンタイム・アンド・イン・フルタイム」で製品を提供することが可能になるとしている。また、特定の状況において、収益性の低い事業が改善されない場合、その事業から撤退する可能性を交渉する。これらの施策は22年10～12月期の収益に多少影響した。

24年2月には、マイクロ有機ELディスプレー（OLEDoS）の開発について、同社前CEOのジョン・CC・ファン氏が設立したLightning Silicon, Inc.と技術ライセンス契約を締結した

と発表した。

以降は、Lightning SiliconがAR／VRアプリケーション向けのOLEDoSの技術継承と開発、製造戦略を担っていく。

コーピンでは、OLEDoS開発に関連する人員や開発、運用コストを削減し、関連人員についてはLightning Siliconに移籍させ、他の製品ラインの一部の人員も削減する。これらにより人件費が25%ほど削減される予定だという。Lightning Siliconの株式の20%を保有し、契約を締結したOLEDoS開発案件についてはロイヤリティーを受け取る。これにより同社は、防衛事業と産業、コンシューマー向けアプリケーションにリソースを集中し、収益性の改善を図る。

OLEDosSの生産については、Lightning Siliconがパートナーシップを締結している中・レイクサイド ライトニング セミコンダクター(レイクサイド、江蘇省)が手がけ、12インチウエハー対応の新工場を建設した。同新施設は、レイクサイドの既存の8インチウエハー工場と共に、AR／VR市場の需要をサポートするために、大量かつ低コストな製造能力の提供が期待されているという。

なお生産については、コーピンはファブレス企業のため、これまでにバックプレーンの生産を中国のOlightek（雲南省）とBOEに委託しており、合弁で量産工場も整備している。22年10月には、2K×2KのOLEDoSを実現する、独自のシリコンバックプレーンウエハー「Lightning 2K」について、約85万ドルの追加注文を受注したと発表した。同バックプレーンは、1型で解像度2048×2048のOLEDoSを実現し、低消費電力で、リフレッシュレートは最大120Hzが可能だ。

同社では、16年にOLEDoS向けに新しいシリコーンバックプレーンを開発し、18年にOLEDoSの「Lightning OLED」を完成させた。「このファブレスビジネスモデルを構築したことで、顧客への独自の有機ELの提供や、高度な製品の販売ができている。バックプレーンウエハーをOEMベースでOLEDoSメーカーに提供し、自社製品へ搭載する一連の流れも、シームレスに行うことが可能だ。このビジネスモデルにより、大規模な設備投資をすることなく、柔軟に顧客ニーズに対応することができる」とコメントしている。

近年は軍事向けに注力

24年6月、兵士の視覚システムアプリケーション向けに、新しいシースルーARディスプレー光学系を開発する契約を米国陸軍と締結したと発表した。これにより、兵士が使用するための下車兵士用視覚製品の広範な導入が完全に可能になった。完全にデジタル化された、昼夜を問わず兵士の頭部に装着する視覚情報システムを導入するという、米陸軍の最終目標が達成できるこという。同社は「必要な光学系を開発するだけでなく、アプリケーションに最適化された特定のマイクロディスプレーを作成する独自の能力により、他社が陸軍のニーズに完全に対応できなかった分野で成功できると考えている」とのコメントを発表している。

米陸軍は25年以上にわたり、戦闘中に戦闘車両から下車した兵士により大量のデータを提供し、状況認識を高めて戦闘効果を向上させるシステムを開発してきた。1990年代後半のLand Warriorプログラムに始まり、Nett WarriorプログラムやThermal Weapon Sightプログラム、そして最近ではIntegrated Visual Acuity System（IVAS）などのプログラムを経て進化してきた。

これらのソリューションによって提供されるデータとビデオ画像は、人間工学、人的要因のパフォーマンスやこれらのシステムのそのほかの技術的欠陥による視覚的不協和や、認知障害などの望ましくない「副作用」を生み出す光学的表示アプローチにより妨げられてきた。

今回契約した新しい陸軍案件では、光学性能、日中の可読性、視覚的および人間工学的快適性、夜間の視認性の向上、および重量、サイズ、消費電力の削減を目標とする。従来のシステムアプローチよりも優れた、新しいAR光学系を開発していく。

F-35 HMDS向けを LCDからOLEDoSに移行

また、24年7月には、コリンズ・エアロスペース社のF-35 Lightning IIヘルメットマウントディスプレーシステム（HMDS）向けの高性能有機発光ダイオードオンシリコン（OLEDoS）について、生産認定の最終マイルストーンを達成したと発表した。

F-35攻撃戦闘機は、国防総省（DOD）における最大の調達プログラムであり、米国空軍、海兵隊、海軍（NAVAIR）を含む国防総省の複数の部門向けに様々な構成で調達されている。

同社は、F-35ヘルメット用の高輝度液晶ディスプレー（LCD）の唯一の供給元として、今後数年間継続される予定の複数年の調達契約を締結している。F-35ヘルメットで使用されるディスプレーは、今後数年間で同社の次世代OLEDoSに移行する。また、契約に基づき、コリンズ・エアロスペースはOLEDoSを完全な量産に拡大するために、必要な製造テスト機器の購入に資金を提供していく。

コーピンでは、顧客の認定と飛行テストに備えて、OLEDoSの完全なパフォーマンス検証を完了。「このディスプレーは、現在プログラムで調達されている暫定OLEDoSよりも高いパフォーマンス要件を満たすように設計されている。顧客テストが無事完了したことで、当社はF-35HMDS向けディスプレーの唯一のプロバイダーであり続けることができる」とコメントした。

有機ELDoCが日本VRヘッドセットで採用

21年1月に米・ラスベガスで開催されたCES 2021に合わせ、コーピンのLightning 2.6K×2.6K（2560×2560）有機ELディスプレーオンチップ（DoC）を発表した。同製品は、パナソニック（子会社のシフトールが手がける）VRメガネに採用された。

このシリコン上に形成された2.6Kマイクロ有機ELディスプレーは、MIPIシリアルインターフェイス、ディスプレーストリーム圧縮（DSC）、およびメモリーを含む多くの機能ブロックを統合している。このDoCは、高性能でコンパクトなVR／AR、および複合現実（MR）ヘッドセット向けに特別に設計されている。また、高色忠実度（＞100％ sRGB）を実現するColorMax技術と、高輝度（＞1000ニット）を実現するデュオスタック有機EL構造で作られている。高コントラスト比（＞10000：1）であり、スタジオ品質のHDR対応VR体験を可能に

コーピンのディスプレーが搭載された「メガーヌX」

する。

パナソニックVRメガネ（メガーヌX）は、世界初のハイダイナミックレンジ（HDR）対応の超高解像度VRメガネであり、驚くほど実物そっくりな画像を提供するという。1.3型ディスプレーとスリムなパンケーキ光学系により、非常に小さいフォームファクターを備えている。小型で軽量なフォームファクターにより、従来のかさばるVRヘッドセットとは異なり、メガネを長時間快適に着用できるという。IPD（瞳孔間距離）調整と視度調整も搭載しており、矯正なしで使用できる。

デュオスタックOLEDoSを初出荷

21年1月、米国の公共安全企業向けに720p（1280×780画素）の0.49型有機ELディスプレーを出荷したと発表した。同ディスプレーには、コーピン独自のColorMax技術を採用。有機ELの発光層を2層化したデュオスタック構造を適用し、1Aあたり10cd以上の高い電流効率と、sRGB 90%以上の優れた色再現性を実現した。デュオスタック構造のパネルを出荷したのはこれが初めて。

ColorMax技術はシリコンバックプレーンに特別なアノード構造を組み込んでおり、デュオスタック構造ではサブピクセルのサイズを2.8×4.8μmと小さくして混色を抑制した。ファンドリーパートナーである中国のLakeside Optoelectronic Technology（レイクサイド）が製造した。

緑色のスタック構造 超高輝度OLEDoS開発

21年6月、高性能のARアプリケーション向けに設計された、世界初の超高輝度（>3万5000ニット）かつHDRの、緑色のシリコン有機ELマイクロディスプレー（1型SXGA＝1280×1024）を開発したと発表した。同マイクロ有機ELディスプレーは、高輝度ARアプリケーションで使用されている現在の液晶ディスプレーの輝度レベルに初めて到達した。さらに、OLEDoSや小型液晶ディスプレーでは実現されたことのない、14ビットHDR操作を提供する。

同ディスプレーには、デュオスタック有機EL構造と、特許出願中の独自のピクセル構造とバックプレーンアーキテクチャーが組み込まれている。デュオスタック構造により、電流効率が向上し、従来のシングルスタック有機ELデバイスと比較して、はるかに高い輝度、低消費電力（同等の輝度の液晶ディスプレーの約半分）と長寿命を実現した。超高コントラストのため、非常に暗い夜から非常に明るい日中までの環境シーンでの使用に最適だという。

中国JBDとマイクロLEDの開発契約

OLEDoSのほか、マイクロLEDにも注力している。21年1月、マイクロLEDディスプレーを開発しているジェイドバードディスプレー

Kopin High Dynamic Range OLED

(Jade Bird Display＝JBD、香港）と複数年の開発契約を締結したと発表した。両社でシースルーのAR（拡張現実）／MR（複合現実）用途を開拓していく。

契約に基づき、コーピンが設計・提供するシリコンバックプレーンウエハーに、JBDがマイクロLEDウエハーをボンディングし、モノリシック型の2K×2K（解像度2048×2048）単色マイクロLEDディスプレーを開発・製造する。

コーピンの創設者であるDr. John CC Fan氏は「最大400万ニットの高解像度な単色マイクロLEDディスプレーは様々なアプリケーションで顧客のニーズを満たせる。成長するマイクロディスプレーのポートフォリオを補完し、新たな市場機会を開くことができる」と述べた。

また、JBDのCEO兼創設者であるQiming Li博士は「当社は超高輝度単色マイクロLEDディスプレーを市場投入した最初のメーカーの1社。コーピンとは補完的な機能があり、強力なパートナーシップになる」と語った。

JBDは中国・上海に工場を持つマイクロLEDディスプレーの開発会社で、15年に設立された。20年10月にAmμLEDファミリーの新製品として、対角0.13型（3.3mm）で単色のマイクロLEDディスプレー「JBD4UM480P」を発表し、同年11月から量産を開始。RGB各色をラインアップし、3色を組み合わせたポリクロームモジュールなども取り揃え、スマートグラスなどに提供していく考えを表明していた。

マイクロLEDで日本企業と開発パートナー契約

21年7月、マイクロLEDディスプレーに関し、日本の大手企業と複数年に渡る開発契約を締結したと発表した。コーピンは、独自のシリコンバックプレーンの開発および供給を、日本企業はボンディングおよび色変換プロセスを開発する。両社は、24カ月以内に1型のフルカラー2K×2Kディスプレー開発を目指す。パートナーの日本企業は、コンシューマー製品などを開発、製造する大手エレクトロニクス企業とされていた。

マイクロLEDディスプレーは、超高輝度、低消費電力、高コントラスト、広視野角のディスプレーを実現するとして期待が高い。シースルーAR／MRを含む多くのアプリケーションにとって理想的な機能だが、マイクロLEDディスプレーはまだ開発の初期段階にあり、LEDアレイのシリコンバックプレーンへの結合や、青色発光の赤または緑への色変換など、重要な新しいプロセス開発が必要となってくる。

John C.C. Fan氏は、次のように述べる。「カラーマイクロLEDディスプレーの開発において、すでにいくつかの重要なマイルストーンを達成しているパートナーと、協力できることは非常に嬉しい。両社の専門分野は1型フルカラーマイクロLEDディスプレーの開発という課題に取り組む上で、非常に補完的だ。10万ニットに近い明るさの超高解像度フルカラーLEDマイクロディスプレーは、特定のARおよびMRアプリケーションの厳しい要件を満たすことができる」。

この開発プログラムは、同社が以前に発表した、中国Jade Bird Displayと最大400万ニットの超高輝度モノクロマイクロLEDディスプレーを開発するプログラムと同様に、顧客が資金提供をしていた。

FLCOSで車載防衛向け開発を受注

22年7月、米国の主要防衛請負業者向けに、新しい車載ディスプレーイメージングシステムの開発を受託したと発表した。これは、同社で2番目の車載防衛開発プログラムに当たる。

同社の政府プログラム担当副社長であるビル・マフッチ氏は以下の通りコメントしている。「当社の主要なシリコンベースのマイクロディスプレー技術（LCD、FLCOS、有機EL、MicroLED）に加えて、高度なカスタム光学機器、電子機器、および35年にわたる高精度システムの設計と構築の経験により、マイクロディスプレーソリューションを提供できると確信している。兵士が操作する非常に過酷な環境で確実に動作するため、特に困難な環境で最適なディスプレーイメージングシステムプロバイダーになることができる」。

新しいシステムは、同社の高輝度、高解像度、低電力の強誘電性液晶オンシリコン（FLCOS）マイクロディスプレーと、カスタムの光学部品を非常に頑丈なカスタムハウジングに統合することで、非常に過酷な環境での運用を可能にするという。

マイクロオーレッド

仏でマイクロ有機ELディスプレー開発

マイクロ有機ELディスプレーを手がける仏MICROOLED（マイクロオーレッド）は、2007年に設立され、フランス原子力庁の電子・情報技術研究所（CEA-Leti）や電機メーカーのトムソンと有機ELディスプレーを共同開発してきた。12年4月に0.61インチで540万画素の2色／3色有機ELの開発を発表。12年8月には、半導体メーカーのSTマイクロエレクトロニクスと開発提携に合意し、STは約600万ユーロを出資して株式の一部を取得した。グルノーブル本社に75人のメンバーを擁し、研究開発、生産、チップセット開発などを手がけている。

スマートグラスやヘッドアップディスプレー（HUD）向けに軽量かつコンパクトなディスプレーモジュール「ActiveLook」を開発し、顧客が新市場に参入できるよう、機器メーカーとコラボしながら商品化へ結び付けている。ActiveLookモジュールには、自社開発した、解像度304×256ピクセルのモノクロOLEDoSが搭載されており、消費電力は1mW以下を実現している。

20年に800万ユーロを調達し生産増強

20年9月、欧州のハイテク投資グループであるCipioパートナーズとVentechから800万ユーロを調達したと発表した。調達した資金でARスマートグラス向けにOLEDoSの生産能力を拡大させた。同資金で統合ARモジュールの開発をさらに推進し、生産増化に備えて製造能力を強化した。「ARは巨大な市場機会で、強力な投資家の支援により、当社はActiveLookプラットフォームで顧客が新市場に参入できるようにする」とコメントしている。

19年に売上高1000万ユーロという目標をクリアし、20年には売上高2000万ユーロ超を達成した、多額の投資が行われたことで、2つ目のOLED生産ラインを整備し、生産能力は19、20年の2年間で3倍以上に増加した。この成長を支えるために、同2年間で30人の新入社員を雇用した。売り上げの95％は海外向けで、米国、アジア、ヨーロッパで取り組みを拡大させていくとしている。

また、顧客であるJulbo社が、ActiveLookシステムと連動する「EVAD-1」アイウエアを市場に投入したことで、マイクロオーレッドもスポーツアイウエア市場に参入した。それまで非常に技術的な市場に位置づけられていたため、「大きな転機となった」という。

23年までに生産能力2.5倍、26年までに収益1億1000万ユーロ

22年1月、ユーロネクスト・グロース・パリでのIPOを計画し、フランス金融市場庁（Autorite des Marches Financiers）により承認された登録書類を発表した。次世代マイクロディスプレーの開発を進め、欧州とアジアでの生産能力を23年までに2.5倍に拡大するとしている。

同発表に際し、CEOのEric Marcellin-Dibon氏は、以下のようにコメントしている。「IPOは成長戦略の一環であり、24年までに5000万ユーロ以上、26年までに1億1000万ユーロ以上の収益を上げ、EBITDAマージンが25％以上を狙う。OLEDoSは、ニアアイディスプレーの発展やアナログからデジタルへの移行が加速する中で、マクロ革命の中核を担っている。当社は同市場で、15年足らずでヨーロッパでトップ、世界でも第2位のシェアを獲得した。高解像度、高輝度、低消費電力を兼ね備えた独自のマイクロディスプレー製品を開発・製造し、100社以上のクライアントを抱え、収益の95％以上をフランス国外から得ている。17年以降、年平均35％近い成長を遂げ、収益は2000万ユーロ以上、営業利益は400万ユーロ以上、147％増という力強い成長軌道に乗った」。

同社では、新しい市場である拡張現実空間市場でのシェア獲得に取り組んでいる。そのための戦略的なデバイスとして、スポーツグラスをコネクテッドグラスに変えることを可能にする光学モジュール、「ActiveLook」を開発した。同製品は、ランニングやサイクリングなど、様々なスポーツ種目の要件に適合するように調整されており、すでに市場展開されて非常に良い結果が出ているという。同製品の高いデザイン、ディスプレーの品質、エネルギー消費量は、世界中の大手機器メーカーやスポーツ愛好家を魅了し、新世代のスポーツテクノロジー機器への道を切り開くものとしている。

また、同製品の大規模な展開を加速するため、マーケティング・販売リソースの増強に注力し、この技術をスポーツ用メガネのグローバルスタンダードとすることを目指す。ショーケースブランドの開発に加え、世界の主要なスポーツ機器メーカー、アプリケーション開発者、主要なスポーツグラスブランドを統合し、このソリューションに関するエコシステムを構築するプログラムも進めている。

ActiveLookモジュール搭載製品発売

21年10月、connected urban micro-mobility safety solutionsを開発する新興企業のCosmo Connected（コスモ社、仏）との業務提携を発表した。開発したディスプレーモジュール「ActiveLook」をブランド展開し、他社と協業して商品化を進める事業の一環。

コスモ社は15年に設立され、ソフトモビリティを利用する人々（自転車、オートバイ、スクーターのユーザー）を保護するデバイスを提供している。ActiveLookを搭載したスマートグラス「Cosmo Vision」を発表し、このアイウエア型のHUD（ヘッドアップディスプレー）で、着用者の視界を妨げることなくルートや速度などのナビゲーション情報を表示する。同社WEBサイトで販売を開始し、予約注文価格は489ユーロだった。小売りサイトのAlainAfflelouでも購入可能。

ActiveLookモジュールには、マイクロオーレッドが開発した、解像度304×256ピクセルのモノクロ有機ELディスプレーが搭載されており、消費電力は1mW以下と、他社製品に比べて1/3の消費エネルギーを実現している。周囲の光の状態に関係なく、読みやすいディスプ

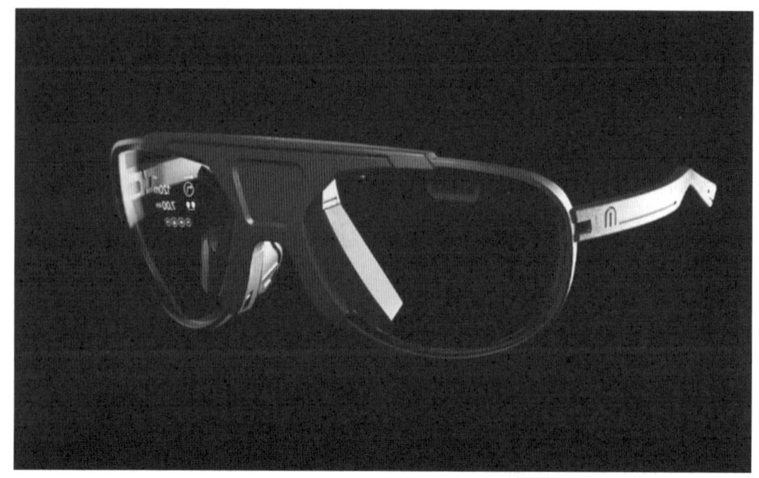

コスモ社のアイウエア「Cosmo Vision」に搭載

レー画面表示が可能で、6gと軽く、バッテリー寿命も12時間以上を達成している。また、BLE（Bluetooth Low Energy）で、スマートフォンや時計、センサー（心拍数センサー、電力センサーなど）などに接続できる。

米ヨットクラブとコラボも

24年9月、アメリカズカップのトップチームの1つであるアメリカンマジックは、Microoledと提携し、エリートセーリング向けのLite拡張現実（Lite AR）システムを導入した。この技術は、ほぼ1年間チームのトレーニング計画で使用され、非常に重要な部分を占めるという。

アメリカンマジック（ニューヨークヨットクラブアメリカンマジック）は、国際スポーツ界で最も古く、最も切望されるトロフィーであるアメリカズカップで米国を代表している。

ActiveLookは、視界を乱したりパフォーマンスを妨げたりすることなく、船員やパイロットにとって重要なリアルタイムデータを継続的に提供し、ペース、心拍数、パワーなどの指標を調整しながら努力に集中する必要がある、ランニングやサイクリングなどの持久力スポーツ向けに設計されている。

「ActiveLookエコシステムは汎用性が高く、幅広いアプリケーションやデバイスとの互換性を備えているため、様々なスポーツや業界でゲームチェンジャーとなりうる。アメリカンマジックとのこのコラボレーションは、拡張現実に対する当社のビジョンを実証するもので、当

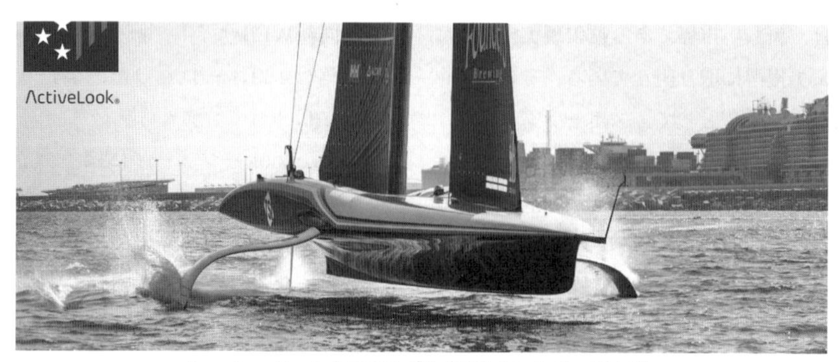

American Magicとのコラボも（同社ホームページより）

社はヘッドアップディスプレーテクノロジーを、これまで以上に幅広い分野やアプリケーションに展開できるようにしていく」とコメントしている。

BCDTEK

OLEDoS12インチ工場が25年に完工

マイクロ有機EL（OLEDoS）の開発や製造を手がける中国BCDTEKは、2020年9月に広東省深圳市で設立された。総額65億元を投じて安徽省にOLEDoSの生産拠点を整備する計画を進めている。

淮南市に建設したK1工場は23年3月に稼働を開始し、フレキシブルOLEDモジュールを生産している。同拠点製品の23年の売上高は8000万元以上となり、年間生産能力は120万セットで、フル稼働すれば年間2億元の売り上げを生み出せるという。

23年12月に安徽省で建設中のK2工場の上棟を発表した。K2工場は25年上期に完工し、稼働開始する計画だ。月産12インチウエハー4000枚のOLEDoS生産拠点であり、投資額は15億元（フェーズ1）。量産稼働により、年間35億元の売り上げを生み出せるとしている。

K2工場整備は2期に分けて行われる。生産工場、研究開発棟、総合棟、発電所などの主要建物を含む建築面積は9万4000m^2、敷地面積は約80万m^2の規模。主にAR／VR／MR分野で使用されるOLEDoSを生産する。K2がフル稼働すると月産2万枚規模になる計画。

同プロジェクトは、安徽省の23年重点プロジェクトリスト（クラスA）に認定されている。K2工場の上棟式には、SMIC、パナソニック、大奇半導体、淮南ハイテク建設など150社以上の祝賀コメントが寄せられた。

フレキシブル折りたたみOLEDを上市

24年5月、同社初の自社開発「フレキシブルOLED折りたたみスクリーン」をリリースしたと発表した。同パネルは上下に折りたたむ仕様で、サイズは6.67型、画面比率は20：9、解像度は2400×1080。120Hzおよび2160Hzの

K2工場の起工式にて

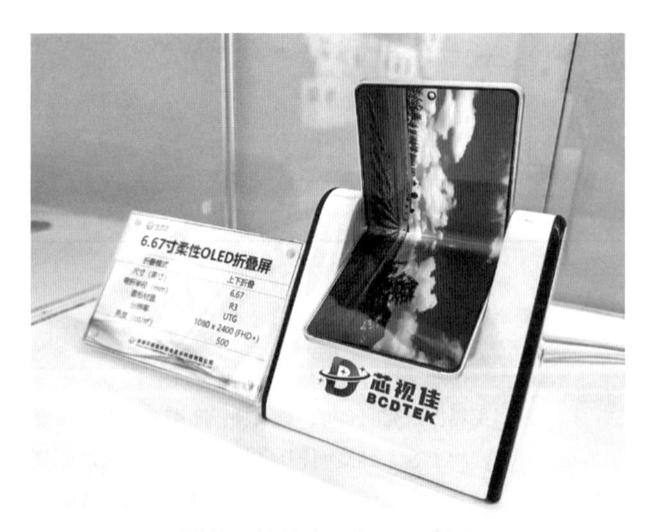

同社初の折りたたみ式OLEDパネル

高周波PWM調光に対応する。

同パネルは、新素材と自社設計の新モジュール構造を採用し、素材の面では、従来のSUS合金素材と比較して、曲げ底板にカーボンファイバーを使用していることが特徴だという。これにより軽量化を図っている。

パネルの厚みは0.5mmで、従来のフレキシブルスクリーンと比較してより薄くて軽く、カバーウィンドウには従来のCPI素材ではなく、極薄ガラスのUTGを使用した。これにより優れた曲げ性能を実現し、より耐久性と信頼性の高い画面保護をユーザーに提供する。

内部構造に関しては、フィルムの構造を最適化し、曲げによるフィルムの引っ張りやずれ、亀裂のリスクを軽減させた。パネルは新しい水滴型の曲げ構造と3mmの曲げ半径で、材料と構造の最適化により、20万回以上の曲げテストに合格している。

この折りたたみ式フレキシブルOLEDパネルにより、同社がパネルの研究開発と生産能力を持つことが証明され、今後は携帯電話、タブレット、IT系向けなどに、様々な形態の折りたたみ製品を提供していくという。

SIDTEK

茶谷産業と業務提携、24年5月に12インチ稼働

中国SIDTEK（安徽熙泰智能科技）は2016年に安徽省で設立された。4Kの解像度を実現可能な高い技術力を誇り、中国でも上位のマイクロOLED（OLEDoS）メーカーに位置づけられるという。中国のスマートグラス向けで多数の実績を持つ。製品は0.23／0.39／0.49／0.60／1.35型をラインアップし、高コントラスト比、高輝度、高速応答性に優れたOLEDoSを生産している。

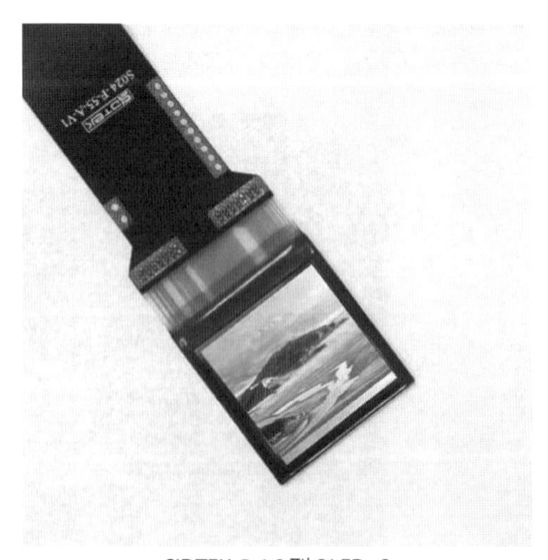

SIDTEKの1.3型OLEDoS

安徽省に8インチラインの工場を持ち、総額60億元を投資じて安徽省蕪湖市に12インチラインの新工場（フェーズ1）を建設した。フェーズ1は24年5月から稼働開始しており、投資額は23億元。ASMLやTEL、SNUなどの装置を導入した。新工場は延べ床面積約19万m^2の規模で、生産能力は月産6000枚。大口径化によりコスト競力や供給能力を向上させる。

日本企業の茶谷産業と23年からOLEDoSの日本市場への販売で提携している。スマートグラスやカメラ用ビューファインダー向けをターゲットに提案を進め、顧客と具体的用途に向けた開発を開始して26年ごろから量産出荷を計画している。

24年から生産を本格化

24年2月、総額10億元以上のシリーズAによる資金調達を完了したと発表した。この資金調達は、蕪湖建設投資、四川製造基金、瑞城基金、興中ベンチャーキャピタル、坤燕資本、梅山天府指導基金などの投資家から資金提供を受けた。

同資金は主に12インチOLEDoS生産ラインの建設と運営に充てらる。6000枚/月の生産能力を持つフェーズ1工場の生産ラインは、設計が先進的で、設備が先進的で、自動化レベルが高く、生産能力が大きいことが特徴だという。

同社は中国で最初にOLEDoS分野に参入した企業の1つで、技術チームは300人を超え、実験室製品の点灯、8インチラインの量産検証、出荷の2段階を経て、多数の自主知的財産権と特許を取得した。

同社はOLEDoS（同社は半導体マイクロディスプレーと表現している）の分野に注力しており、この分野で長年の技術開発と量産経験を積んだことで、ドライバー回路、ピクセル回路、OLEDデバイスなどの分野での独立した開発能力の基礎を築いてきた。24年から「8＋12」インチのOLEDoSとサポートモジュールの生産を本格化させるとし、「CES 2024」や「MES 2024国際」にも出展した。

CES 2024では、0.23型（640×400）、0.39型（1024×768）、0.49型（1920×1080）、0.6型（1280×1024）、1.2型（1920×1080）など、AR、VR、MR製品に最適なディスプレーを展示した。さらに、24年は0.49型（1920×1080）製品をベースに、0.68型（1920×1200）および1.35型（3552×3840）製品の生産と販売を拡大すると発表した。

MES 2024国際では、8インチ生産ラインからの様々なフルカラーOLEDoSを展示した。このほか、「Metaverse Expo」では、0.23インチ（640×400）、0.49型（1920×1080）、0.6型（1280×1024）、1.2型（1920×1080）を披露した。その中で、0.23型のフルカラー製品は、独自のSLCF特許技術を採用したことで最大輝度は1万ニットを実現したという。導波路光学ソリューションをより適切にサポートし、より高輝度のフルカラー表示効果に貢献する製品としている。

SIDTEKのOLEDoS概略構造

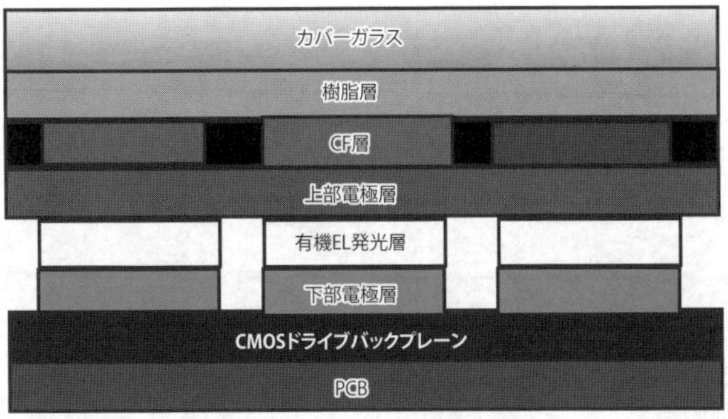

カバーガラス
樹脂層
CF層
上部電極層
有機EL発光層
下部電極層
CMOSドライブバックプレーン
PCB

（茶谷産業HPを参考に電子デバイス産業新聞作成）

SeeYA Technology

中国のマイクロディスプレーメーカーSeeYA Technology（SeeYA、視涯技術股份有限公司）は、2016年10月に上海で設立され（18年に合肥へ本社移転）、シリコン基板上に有機ELを形成するマイクロ有機ELディスプレー（OLEDoS）を開発・設計している。Apple Vision Proが上市された後には、次世代のApple Vision ○○が製造されるとすれば、コンシューマー向けに価格を下げたものになるとみられるため、BOMコストの最も高いOLEDoS価格を下げるべく、Vision Proで採用されたソニー製OLEDoSではなく、SeeYAにオファーがかかったと評判だった。しばらくSeeYAがその噂を独占したが、24年秋ごろにはサムスンディスプレー（SDC）やジャパンディスプレイ（JDI）の名前も候補にあるようだ。

17年9月、20億元を投じて安徽省合肥市に新工場を立ち上げる計画を発表した。工場は4万3000m^{2}以上の面積があり、12インチウエハーでOLEDoSを生産する世界初の工場となった。年産2000万個の能力を有する。合肥本社に工場と研究開発、販売拠点があり、上海オフィスでは研究開発と販売事業を展開し、ヘッドマウントディスプレー（HMD）やスマートグラス、AR／VR機器向けにOLEDoSを提供している。コアメンバーには、半導体、有機EL、特殊ディスプレー技術などの分野の出身者がおり、チームメンバーの90％以上が、研究開発、設計、およびプロセスのバックグラウンドを持っているとしている。

OLEDoSは0.32型（解像度800×600）、0.49型（1920×1080）、0.5型（1600×1200）、0.72型（1920×1200）、1.03型（2560×2560）、1.3型（3552×3552）をラインアップしている。24年内に新しく0.6型を市場展開すべく量産

SeeYAのOLEDoSウエハー

合肥新尖高新区に移転した本社

体制を整えた。この0.6型では、バックプレーン全体を80nmプロセスで製造し、最大6000ニットのフルカラー輝度を実現するという。さらに、用途に応じてリフレッシュレート30Hz～120Hzの範囲で自動的に調整でき、100％DCI-P3の広色域での色表現と、超低消費電力のMIPIインターフェイスを採用し、最新の駆動技術と組み合わせることで製品寿命を大幅に延長した製品であるという。

OLEDoS生産の第2ラインを整備

調査会社のTrendForceによれば、24年内は中国の7社のマイクロディスプレー関連メーカー（マイクロLED、OLEDoS）が資金調達し、数社が1億元を超える資金を確保した。この中でSeeYAは0.5億元を調達しているという。

24年4月には、既存の12インチ月産9000枚の生産能力をさらに拡張すべく、第2生産ラインの整備を進めていると発表した。既存工場内（合肥）に整備したもようで、24年5月には設備導入を開始した。同所は月産最大2万7000枚（3ライン分）を整備する余地があるという。

また、新しく製品ラインアップした1.3型向けのラインも整備し、年産140万個量産できる規模になるもようだ。これら拡張工事が終了すると、OLEDoSの生産能力は年産400万個が追加されるという。

同社はマイクロディスプレー技術を内視鏡臨床手術に応用することに注力しており、将来的には、OLEDoSが営業所、医療、緊急消防、教育、訓練、産業用インターネットなどの分野でより大きな役割を果たすだろうとの展望を明らかにしている。

UDCと提携、発光材料を供給

19年1月、有機EL用燐光発光材料メーカーのユニバーサルディスプレイコーポレーション（UDC、米ニュージャージー州）は、子会社のUDCアイルランドを通じて、SeeYAと有機EL評価契約を結んだと発表した。詳細は非公表だが、契約に基づき、UDCは今後SeeYAに燐光発光材料を供給する。

この提携に際し、SeeYA社の社長兼CEOのTieer Gu氏は「現在のAR／VR製品は、この革新技術の豊かな将来性をわずかに一瞥しただけにすぎない。UDCと協力し、当社の技術を組み合わせることで、並外れた民生向け最先端製品が生み出される」と述べた。

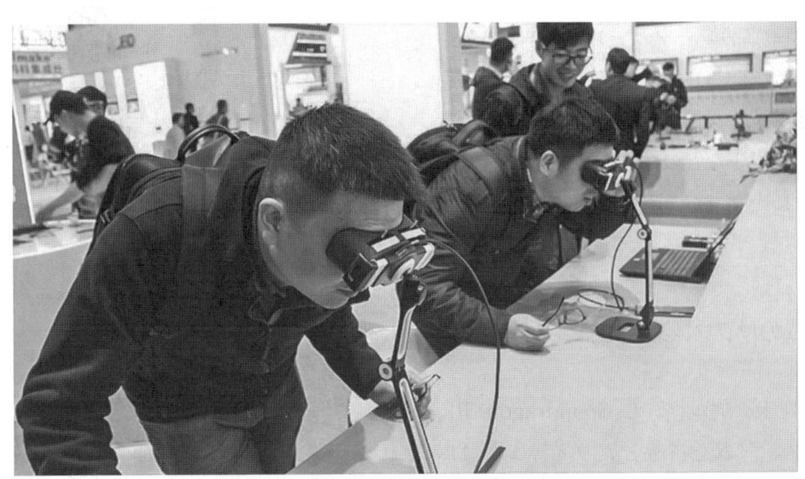

自社開発したVRメガネ（2019）

2020年に出展した製品

自社開発のVRメガネを展示会で出展

19年11月に合肥で開催された、安徽省人民政府によるWCODI 2019（World Conference On Display Industry）には、1.03型（2560×2560）OLEDoS、1.03型OLEDoS＋光学ソリューション、0.72型OLEDoS＋光学ソリューション、フリーフォームソリューション、バードバスソリューション、反射アレイ導波路光学ソリューション、パンケーキ光学ソリューションを展示した。さらに、同社と顧客が開発したARやVR製品も展示した。

20年11月に開催された同展示会（WCODI 2020）では、1.03型（同）のほか、輝度2万ニットの1.03型モノカラーグリーンディスプレー、0.62型フルカラーOLEDoS、0.49型も初出展した。製品ラインを拡大し、AR／VR、映画鑑賞、医療機器、EVFなどの様々なアプリケーション分野向けに光学モジュールを開発していくとしている。

クアルコムのリファレンスに採用

22年5月、米クアルコムと、SnapdragonXR2プラットフォームを搭載したワイヤレスARスマートグラスの、リファレンスデザインをリリースしたと発表した。同リファレンスデザインには、SeeYAが開発し製造した0.49型OLEDoSを搭載した。同ディスプレーのスペックは、解像度＝1920×1080、リフレッシュレート＝90Hz、輝度＝1800ニット、色＝90% DCI-P3、インターフェース：MIPI。

近年、多くのAR／VR製品がOLEDoSディスプレーを採用してきていることから、同社で

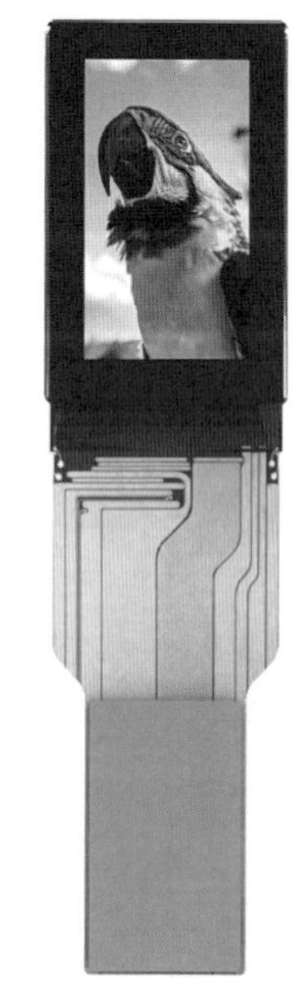
クアルコムに採用された0.49型

は、0.49の製品に加えて0.72型（解像度1920×1080）、1.03型（同2560×2560）などもラインアップしている。今後も0.32型（同800×600）のOLEDoSと対応する光学部品を発売する計画で、様々なアプリケーションニーズに対応していくという。

クアルコムが発表したワイヤレスリファレンスデザインは、OEMとODMが顧客サービスの向上と費用対効果の高いプロトタイプを作るのに役立ち、より軽量のARグラスや、メタバースへ、さらなる没入型の体験を提供できるという。

ドローン大手DJIの フライングググラスに採用

22年8月、世界的にドローンを展開する中国のDJIは、新製品「DJI Avata」をリリースし、同時にSeeYAが開発および製造したOLEDoSを搭載した、世界初のコンシューマー用FPVフライングググラス「Goggles 2（ゴーグル2）」もリリースした。ゴーグル2とDJI Avataは完璧にコラボレーションしており、Avataが高速飛行と回転状態でキャプチャーした画像をユーザーに提供し、ユーザーはゴーグル2を通して実際の飛行の感覚を体験することができるという。

前機種のFPVと比較して、マイクロ有機ELを搭載したゴーグル2は、視覚と体感が向上しており、重量は420gから290gに軽量化された。マイクロ有機ELの採用により、ゴーグル2は体積と重量の点で大幅に改善された。Avataでは、飛行体験に加えてワイヤレススクリーンプロジェクション機能も提供しているため、ゴーグル2を単独で表示デバイスとして使用することも可能だ。

ゴーグル2に搭載されたマイクロ有機ELは、クアルコムのリファレンスボードに採用された0.49型（1920×1080）と同様で、SeeYAが独占サプライヤーとなっている。同社は今後、0.32型（800×600）、0.72型（1920×200）、1.03型（2560×2560）OLEDoSを提供する計画だ。

ドローン大手DJIのゴーグル2に採用

ソニーグループ

OLEDoSをアップルにも供給

ソニーグループは、デジカメの電子ビューファインダー（EVF）やAR／VRヘッドセット用のマイクロ有機ELディスプレー（OLEDoS）を生産している。半導体製造子会社のソニーセミコンダクタマニュファクチャリングが製造しており、シリコンバックプレーン上に有機EL発光層を蒸着して白色発光させ、オンチップのカラーフィルターを重ねた構造を採用している。特にデジカメ用EVFで高いシェアを誇り、近年はアップルが2024年2月に発売したMRヘッドセット「Apple Vision Pro」に供給するなど、AR／VR関連での採用拡大に力を入れている。

21年12月に開催したSony Technology Dayでは、解像度4KのOLEDoSを開発し、これを片目ずつ2枚搭載した8K低遅延ヘッドセットシステムを披露した。画素ピッチは6.3μmで、1インチ台の正方形に近い形状をしており、接眼しても画素が見えないほど高解像度化した。

また、23年8月には、主にAR／VR向けの大型・高精細な1.3インチで4K解像度のOLEDoS「ECX344A」を商品化した。画素ピッチは6.3μm、コントラストは10万対1以上で、4Kでも高フレームレートを実現する新開発の高速駆動用ドライバー回路を搭載。毎秒90フレームの映像を実現したほか、画素の発光時間を従来比1/5（Duty20%駆動）と短くし、5000cd/m^{2}の高輝度を実現する独自技術を生かすことで、Duty20%駆動でも1000cd/m^{2}の高輝度を実現した。

さらに、24年9月には、5.1μm画素（約5000ppi）と最大1万cd/m^{2}の輝度を両立した0.44インチFHD解像度のOLEDoS「ECX350F」を開発した。画素を小さくすると発光効率が下がり、画素あたりに流せる電流に制約がかかってしまうため、高輝度化が難しいといった問題があったが、画素サイズに合わせて発光効率を

ソニーのOLEDoSラインアップ

カメラ＆スコープEVF用

品番	ECX334A	ECX334E	ECX337A	ECX339A	ECX342A
サイズ	0.39型		0.5型		0.64型
解像度（RGB）	XGA 1024 x 768	XGA 1024 x 768	Quad VGA 1280 x 960	UXGA 1600 x 1200	Quad XGA 2048 x 1536
最大輝度	500cd/㎡	3500cd/㎡	1000cd/㎡	1000cd/㎡	1000cd/㎡
コントラスト	10万：1	10万：1	10万：1	10万：1	10万：1
量産時期	量産中	量産中	量産中	量産中	量産中

AR／VRヘッドセット用

品番	ECX336C	ECX348E	ECX343EN	ECX343ENA	ECX344A
サイズ	0.23型	0.55型	0.68型		1.30型
用途	AR	AR	AR	AR	VR
解像度（RGB）	nHD+ 640 x 400	Full-HD 1920 x 1080	WUXGA 1920 x 1200	WUXGA 1920 x 1200	3.5K4K 3552 x 3840
最大輝度	3000cd/㎡	5000cd/㎡	5000cd/㎡	5000cd/㎡	1000cd/㎡
コントラスト	10万：1	10万：1	10万：1	10万：1	10万：1
量産時期	量産中	量産中	量産中	量産中	量産中

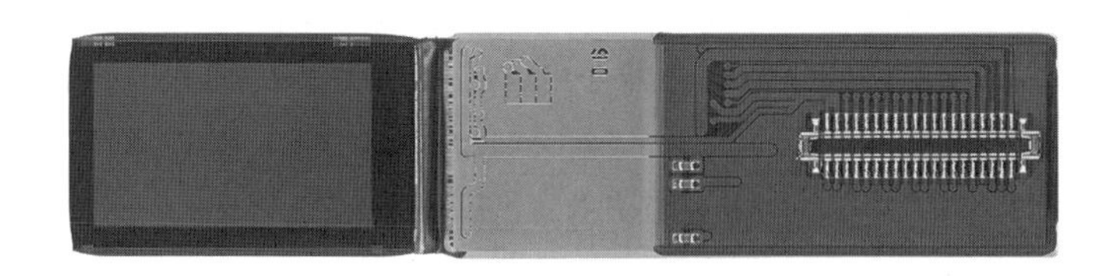

5.1μm画素のECX350F

最大化するマイクロレンズを製造する半導体プロセスを新開発したほか、独自設計の有機EL構造を採用して駆動電圧と発光効率の最適なバランスを追求し、従来製品比約2倍の輝度を実現した。加えて、新たな回路設計と組立工程の導入によって、ディスプレー長辺の額縁を上下でそれぞれ1.14mmに小型化。狭額縁化によって、従来製品24%減となる短辺サイズ7.99mmを実現し、ARグラスの薄型化・軽量化に貢献できるようにした。

JDIから東浦工場を取得

ソニーセミコンダクタマニュファクチャリングは、ジャパンディスプレイ（JDI）から東浦工場（愛知県東浦町）の建物を24年4月1日付で取得した。既存生産拠点である熊本テックには拡張余地が少ないため、OLEDoSの需要拡大に備えて、熊本テックに続く生産拠点とするべく取得したものとみられる。ただ、活用方法に関しては正式にアナウンスしておらず、AR／VRヘッドセットやARグラスの需要動向もまだ不透明なことから、今後の市場の動きに応じて慎重に判断する。

東浦工場は、旧ソニーモバイルディスプレイの東浦事業所として、かつてはLTPS液晶や有機ELを生産していたが、JDI発足に伴って12年にJDIへ統合された。ソニーは有機EL技術をJDIにライセンス供与したが、東浦の蒸着ラインは継続保有していた。以降は東浦サテライトとして、バックプレーンの生産、有機EL成膜プロセスおよび300mmウエハー対応の開発・評価・解析などを手がけてきたが、買い戻したかたちとなった。

サフラックス

中国の株主と共同で開発・事業化

Saphlux（サフラックス）は、次世代光学エンジンを開発するため2014年に米イェール大学で設立され、Jung Han教授の技術をもとに「半極性GaN」「NPQD」という2つの技術の商品化を進めてきた。マイクロLEDの大型ディスプレーおよびマイクロディスプレー（LED on Silicon＝LEDoS）双方を手がけているのが特徴。株主に中国の大手LEDディスプレーメーカーであるレイヤードがおり、17年にSaphluxの株式の12.37%を取得して株主順位で2位となり、NPQD技術を共同開発してきた。

NPQDは、ナノポーラス構造のGaNウエハーと量子ドット（QD）材料を組み合わせた技術で、これによりInGaN系で赤色発光を実現する。QDを保持するためLED内に形成するナノ構造を利用し、その内部散乱効果によって、ナノポア内を移動する光の有効経路を大幅に拡張して、QDの色変換効率を高める。これにより、フォトリソグラフィー法またはインクジェット印刷法のいずれかを使用して、わずか3μmのNPQDで高効率のRGBマイクロLEDが実現できるという。

22年7月にSaphluxが公表した成果によると、サイズ2μmのチップで赤青光子変換効率67%を達成。この赤色マイクロLEDチップを「NPQD R1」として商品化し、赤色ライトエンジンやフルカラー用途に販売していく方針を表明した。

大型パネル向けに赤色チップを量産供給

22年8月、SaphluxはNPQD R1の量産を開始し、レイヤードとの共同テストを経たのち、レイヤードのサイネージ用マイクロLEDディスプレーに採用された。レイヤードは22年7月に大型マイクロLEDディスプレー「Diamond」のシリーズ展開を発表。B2Bに限らず、テレビなどB2C用途にも広げていく戦略を明らかにし、LEDチップはSaphluxから一括購入している。また、両社で山東省賽富電子有限公司に共同出資し、QD-LEDチップの生産・販売で協力することにした。

レイヤードは23年4月、SaphluxのNPQD R1チップを用いた162インチの4K LEDディスプレーを開発した。NPQD R1チップと、汎用的な緑色&青色LEDチップを組み合わせ、解像度3840×2160、コントラスト比1万5000対1、リフレッシュレート7680Hzを実現した。NPQD R1チップは、QDの採用によって視野角を120°から150°へ広げ、波長のばらつきを従来の5nmから0.2nm以内にして色の均一性を高めた。同じ12μmの厚さの場合、NPQD技術はQDフィルムを用いたLEDチップよりも効率が3～8倍高く、高電流&高輝度の加速エージングテストでも減衰しないという。

LEDoSはフルカラー品を量産出荷

一方、LEDoSに関しては、23年8月に0.39インチでフルカラーの試作パネル「T1-0.39 NPQD RGB」を開発した。パートナーから提供を受けた青色マイクロLEDを用い、2μm以下のピクセルピッチで赤と緑のQD色変換を行った。これにより、最大白色輝度25万ニット、光子変換効率67%を実現したほか、半値全幅（FWHM）22nmで波長625nmの赤色を表

0.39インチT2シリーズのフルカラー品（同社ホームページより）

現できるようになり、Rec.2020色域を100％カバーした。AlInGaPベースの赤色マイクロLEDよりも高い効率が得られ、温度による熱減衰も小さくできるという。

23年12月にAR用LEDoSの生産ラインを構築し、24年1～3月期から0.12インチのモノクロ品、0.26インチのフルカラー品の量産を開始した。独自設計したこの生産ラインは、フォトリソグラフィー、コーティング、エッチング、測定などの主要プロセスで構成され、月産60万個（0.12インチ換算）の生産能力を備えた。副社長のSong Jie博士は「従来の4インチプロセスを、6インチにも対応可能な8インチプロセスにアップグレードすることに成功し、コストを削減できた」と述べた。

続いて24年1月には、T1シリーズの性能を向上したT2シリーズを発売すると発表した。T2シリーズは、NPQD技術の改善により、前世代のT1シリーズに比べて色域を70％、輝度を40％向上。0.39インチのモノリシック品として1024×768画素、RGB-in-one品として512×384画素のパネルをラインアップに加えた。さらに、最大50万ニットの白色光輝度と拡張色域を備えたT3シリーズとして、0.26インチのモノリシック型フルカラー品を24年末までに提供し、量産に移行する計画を明らかにしている。

モジョビジョン

LEDoSの商業化に専念

モジョビジョン（Mojo Vision）は、米カリフォルニア州サラトガに本社を置くベンチャー企業で、量子ドット（QD）による色変換でフルカラーを実現するモノリシック型マイクロLED（LEDoS）ディスプレーを開発している。

大きな注目を集めるきっかけとなったのが、2019年5月に発表した世界最小のモノクロLEDoSの開発だ。次世代のウエアラブル機器やAR／VR機器、ヘッドアップディスプレー（HUD）用のプロトタイプとして、サイズ0.48mm、1.8μmピクセルピッチ、1万4000ppiを超えるサブピクセルピッチを実現。これは、スマートフォン用ディスプレーの300倍以上のピクセル密度に相当する。

20年1月、このLEDoSをイメージセンサーやモーションセンサーなどと組み合わせて開発したスマートコンタクトレンズ「Mojo Lens」を発表。実行可能性臨床研究を実施し、低視力に苦しむ人々を支援する製品への早期適用を目指して、20年12月にはコンタクトレンズメーカー大手のメニコン（名古屋市中区）と共同開発契約を締結した。だが、23年初頭、Mojo Lensの開発を一時的に中断すると表明した。開発資金の調達が困難だったためで、まずはLEDoSディスプレーの商業化に事業の軸足を移すことにし、その後シリーズAで2240万ドルを調達した。

300mmでの量産を視野に

23年5月には、300mmウエハー上に形成したGaN on SiliconのLEDアレイで青色発光を得ることに成功した。これにより300mmのCMOSファブでLEDoSを安価に製造可能にする。300mm工場でGaN on Siliconを製造するため、ウエハーの湾曲や汚染の懸念などを広範なサプライチェーンと克服し、認定を得たという。

これに加えて、光導波路やホログラフィックディスプレー技術を持つ米デジレンズ(DigiLens)と業務提携することも発表した。デジレンズは表面レリーフ型グレーティング(SRG)ベースの導波路技術を有しており、これとモジョビジョンのRGB統合型LEDoSディスプレーを組み合わせ、ARスマートグラス向けなどに超小型ディスプレーエンジンを提供していく。

フルカラー化で車載用での実用化を狙う

24年1月には、独自のQDプロセスを活用して、単一パネル上にRGBサブピクセルを統合することに成功した。直径1.3μmのネイティブ青色LEDのサブピクセルに隣接して、同サイズの赤色および緑色QDベースのサブピクセルを統合する概念実証に成功した。8インチおよび300mmウエハーを用いたGaN on Siliconプロセスで青色マイクロLEDアレイを製造し、これに独自のQDプロセスを組み合わせた。

また、世界最高画素密度となる1万4000ppiの赤色LEDoSの駆動にも成功した。GaNベースの青色マイクロLEDアレイを独自のQD技術で赤に色変換したもの。波長620nm以上で直径1.37μm、ピッチ1.87μmの高密度を実現し、XR用途に求められる解像度を達成した。LCOSやDLPといったマイクロパネルに比べて、マイクロLEDは輝度が高いため、薄型の導波路コンバイナーを使える利点もある。

さらに、24年9月には、次世代HUD技術を開発している米CYビジョンと提携した。ARを組み込んだマイクロLEDベースのHUDを共同開発する。LEDバックライトベースの液晶パネルより効率を5～10倍高めて、従来システムよりも最大20～50倍の光効率、超高輝度、優れたコントラストと解像度を実現し、太陽光の反射や色の歪みなどの画像劣化を排除する。ちなみに、CYビジョンはBMWとAR技術を開発していることを公表している。

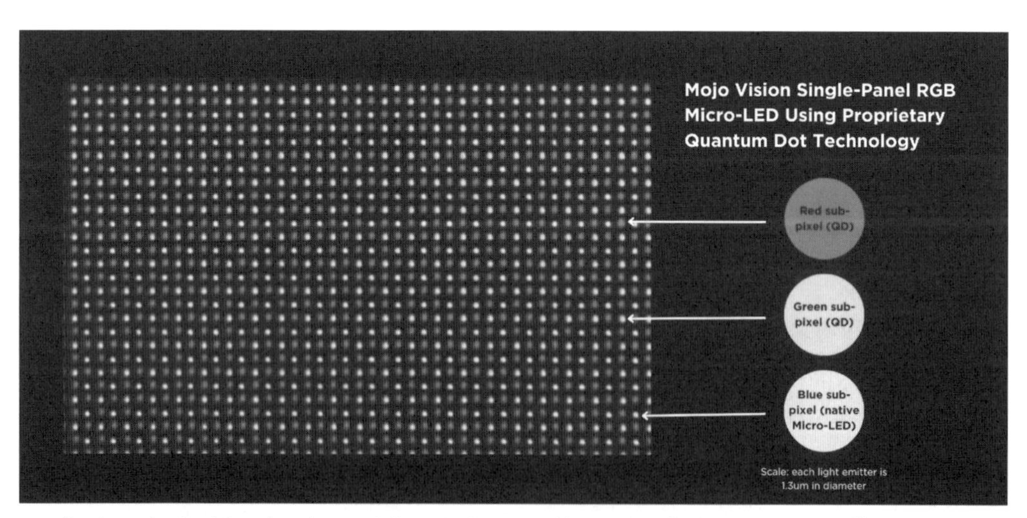

独自QD技術でRGBサブピクセルを統合

アレディア

シャンパニエ新工場でパイロット生産

ナノワイヤーLEDを開発しているアレディア（Aledia）は、フランスの研究機関CEA-Letiからのスピンアウトで2012年に設立された。青色LEDで14年にノーベル物理学賞を受賞した天野浩教授が顧問として技術指導していたことでも知られる。

20年9月、仏グルノーブルの南に位置するイゼール県シャンパニエにモノリシック型マイクロLED（LEDoS）ディスプレーの量産工場の建設計画を発表した。初期投資額は1.4億ユーロ。敷地1万4000m^{2}の取得に4000万ユーロ、製造設備の取得に1億ユーロを投じた。これに関連して、MOCVD装置大手の米ビーコ・インスツルメンツは20年10月、アレディアから300mmウエハー対応の「シングルウエハーPropel 300 HVM」を受注した。新工場は21年9月に着工し、9500m^{2}の技術棟、6400m^{2}のクリーンルーム、4400m^{2}のオフィスを整備した。パイロットラインを稼働し、本格量産を準備中だ。25年までに総額5億ユーロを投資する考えがあることも示唆している。

この一環として、22年5月に投資ファンドの米トリニティーキャピタルから3000万ドルの投資を受けたほか、23年9月には既存投資家らから1.2億ユーロを追加調達した。また、量子ドット（QD）材料メーカーのカスタムドットと協業し、カスタムドットのQDインクを用いたフルカラー化も進めている。

300mm対応やEQE向上に成功

実用化を目指すナノワイヤーLEDは3D GaN on Silicon LEDとも呼んでおり、シリコン（Si）ウエハー上に直径1μm以下のGaNマイクロ&ナノワイヤー（マイクロ&ナノロッド）が垂直に立った構造を持つ。ナノワイヤー1本ずつが発光素子として機能し、モノリシックで青～赤までの全波長を発光する。CMOS技術と互換性があり、ファンドリーで大規模量産できるプロセスだという。

シャンパニエの新工場（同社のPR映像より）

20年12月には、CEA-Letiのパイロットラインを活用して、300mm Siウエハーを用いたナノワイヤーLEDチップを初めて開発した。300mmでの試作では、標準的な厚さ780μmのウエハー上に3DナノワイヤーLEDを形成した。GaN成膜時の応力はウエハーの大口径化につれて大きくなるが、アレディアの独自技術はこれが小さいためウエハーが反らず、一般的なLED製造プロセスよりも大口径のウエハーが使えると説明している。

24年4月には、開発成果を3つ明らかにした。1つ目として、チップサイズ1.5μm以下のマイクロLEDで外部量子効率（EQE）32％以上を達成した。これは、電力1Wあたり320mWの可視光のエネルギー変換効率（WPE）に相当する。より多くの電気が光に変換されるため、エネルギー消費の低減やバッテリー寿命の延長に寄与できる。

2つ目として、AR用ネイティブRGBマイクロLEDの画素サイズを2μmまで小型化することに成功した。これにより、ディスプレーの高解像度化とチップサイズの小型化をさらに進めることが可能になり、AR体験の向上に貢献できるようにした。

3つ目として、DCI-P3規格に対して色域99％を達成した。これによりディスプレーの色忠実度をより高め、映像にさらなるリアリズムをもたらすことができる。

ファンドリーや装置メーカーと協業

アレディアは、13年3月に8インチSiウエハーを用いたLEDの開発に初めて成功。あわせて、欧米の投資家から総額1000万ユーロのファーストラウンド資金調達を完了した。18年1月に総額3000万ユーロのシリーズC資金調達を完了し、新たな投資家として半導体世界首位のインテルの投資部門であるインテル・キャピタルが加わった。さらに、19年12月には半導体ファンドリーのタワージャズと開発パートナーシップ契約を締結し、タワージャズのTransfer Optimization and Development Process Services（TOPS）を利用して、量産プロセスの確立を図った。

これと並行して、18年6月にビーコからGaN系MOCVD装置「Propel」を購入し、製造プロセスの開発を加速。19年にはグルノーブル都市圏のエシロルに2000万ユーロを投資して4000m²の研究開発施設を新設した。現在は、エシロルとシャンパニエあわせて400人近い従業員を擁している。

MICLEDI マイクロディスプレイズ

ARスマートグラス用に開発推進

MICLEDIマイクロディスプレイズ（MICLEDI Microdisplays、ベルギー・ルーヴェン）は、国際的研究機関imecからのスピンオフで2019年に設立された。20年1月にimecのスタートアップ支援ファンドなどから450万ユーロのシード資金を調達し、これをARスマートグラス用マイクロLED（LEDoS）ディスプレーの開発に投じた。小型・軽量、バッテリー寿命が長く、手ごろな価格を実現するため、imecの300mmパイロットラインを活用してLEDoSディスプレーとプロトタイプ製品を開発している。シーン・ロードCEOは前職で、

Facebookに16年に買収されたマイクロLEDスタートアップ「InfiniLED」のCTOを務めていた。24年3月にはシリーズAの資金調達を完了し、これで調達総額が3000万ドル近くとなった。

300mm生産へGFと提携

21年3月にベルギーの投資家から700万ユーロを調達し、これをもとに300mmウエハーを用いたRGBのLEDoSディスプレーのデモとファンドリー互換プロセスの開発、ファンドリーへの移転および製造に向けた技術IPの準備、製品開発フェーズの開始(AR開発企業とのシステムレベルのASIC作業、認定/テスト活動を含む)を進めた。

21年12月には、300mm CMOSプラットフォームでAR用マイクロLEDアレイの製造に成功し、スマートグラス用に22年1～3月期からサンプル出荷を始めた。CMOSファブ互換のRGBエピタキシャル材料を300mm CMOSウエハー上に再構成し、ウエハー・ツー・ウエハーのハイブリッドボンディングを介してCMOSバックプレーンASICと統合。さらに、高効率な光導波路と統合するため、ビームを形成する画素レベルのフレネルレンズも組み込んで、ファンドリーで大量生産可能な業界標準のツールおよびプロセスステップに合わせて調整した。

22年3月には、半導体ファンドリー大手のグローバルファウンドリーズ(Global Foundries＝GF)と提携を結んだ。GFの22FDXプラットフォームを活用して、300mmウエハーでマイクロLEDアレイに適したコンパニオンICを製造する。画像処理、LEDドライバー、制御機能を備えたもので、これをウエハー間ハイブリッドボンディングで貼り合わせ、ディスプレーモジュールを完成させる。

スマートグラスメーカーと協業

22年8月には、300mmウエハーを用いてマイクロレンズを搭載したLEDoSディスプレーの開発に成功。さらに、量子ドット(QD)材料を用いた色変換技術を開発しているベルギーのカスタムドット(QustomDot)と共同開発契約を結んだ。ベルギーのフランダースを開発拠点として、RoHS指令に準拠したカスタムドットのQD材料を用い、MICLEDIが色変換用にLEDアーキテクチャーを最適化し、μmサイズのピクセルに高スループットでQDを転写パターニングする技術を開発して、多色ピクセルアレイを実現する。

22年10月には、ARスマートグラスメーカーの米クラテクノロジーズ(Kura Technologies)とARグラスの製造で協業すると発表した。協業により、MICLEDIはクラに200mm工場で製造したLEDoSを供給するとともに、300mmファンドリーからカスタマイズされたRGBのLEDoSをいち早く提供する。一方で、クラは22年6月にTSMCとの連携を発表し、LEDoSディスプレー用のカスタムチップセット(ミックスドシグナルディスプレードライバーICおよびサポートデバイス)をテープアウトした。

22年11月には、5nm以内という優れた半値全幅を備えた波長630nmの赤色GaNマイクロLEDを開発した。赤色LEDには、GaNベースおよびAlInGaPを出発材料とする2種類がある。GaNベースの赤色LEDは、中心波長620nmで半値全幅(FWHM)50nm以下を実現。一方、AlInGaPを出発材料とする赤色LEDは、波長653nmでFWHM 9nm以下を実現した。いずれもヒ素を含まず、CMOS互換プロセスで製造できるため、300mm工場で量産が可能という。

コーピンと設計・製造で提携

24年1月には、米コーピン（Kopin）とAR用LEDoSディスプレーの開発・設計・製造で提携すると発表した。MICLEDI独自のCMOS生産フローと、コーピンのバックプレーン制御・駆動能力および製造技術を活用し、フルカラーLEDoSディスプレーの量産化を目指す。防衛、業務用、民生用、医療システム向けに事業化を進めていく。両社の技術を融合し、CMOS製造ラインでコントローラーASICとエミッターモジュールを300mmウエハー上に高効率かつ大量に低コストで統合していく。

CES 2024では、①パッシブマトリクスで9150ppiの青色および緑色マイクロLED（マイクロレンズあり／なし）、②GaNベースの赤色マイクロLEDアレイ、③300mmマイクロLEDウエハー、④プロジェクターで480×320画素を駆動する青色および緑色のLEDoSディスプレーを展示した。また、SPIEフォトニクスWestでも展示を行い、24年中にアクティブバックプレーンを備えたフルカラーモジュールを提供する考えを示した。

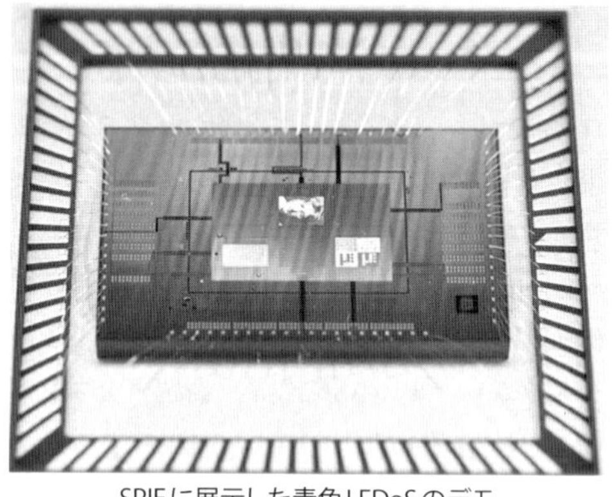
SPIEに展示した青色LEDoSのデモ

ポロテック

多孔質GaN材料で差別化

ポロテック（Porotech）は、英ケンブリッジ大学からのスピンアウト企業として独自のGaN技術を開発している。2020年1月に設立され、同年5月にケンブリッジ大学の商業化部門であるケンブリッジエンタープライズらが主導したシードラウンド投資で150万ポンドの資金調達を完了。21年6月にもベンチャーキャピタルファンドなどから300万ポンドを調達した。

独自の製造プロセスで、直径数十nmの穴がたくさん開いた多孔質GaN半導体材料「PoroGaN」を作成し、これを用いて赤色InGaN LEDエピウエハーを実現している。このPoroGaNを用いると、RGB 3色を同じ材料で発光させることができ、単一ウエハー上に統合できるようになる。20年11月にはマイクロLED用として赤色のInGaN LEDエピウエハーを発売した。

IQEとエピウエハーでパートナー契約

21年10月、InGaNベースで0.55インチの赤色LEDoSを開発し、PoroGaN技術を実証して見せた。画素数は960×540。発光波長640nm以上を実現することに成功し、InGaNでRGBチップをモノリシックに製造できるようになることを示した。

22年3月にシリーズA投資で新たに2000万ドルを調達し、22年5月には化合物半導体エピファンドリー大手の英IQEと戦略的パートナーシップ契約を結んだ。IQEはポロテックのエピウエハーファンドリーパートナーとなり、VR／MR用LEDoS向けに200mm製造プラットフォームと300mmフォーマットを協力して開発・生産する。これを機にIQEはマイクロLED市場へ本格参入した。

DPT技術でフルカラーを実現

22年4月に開催されたTouch Taiwan 2022では、InGaNベースの赤、緑、青色のLEDoS開発品を展示した。いずれもPoroGaNを用いて製造し、波長614～625nmの赤色、536～543nmの緑色、444～447nmの青色をそれぞれ単色ディスプレーとして製造した。解像度は1920×1080、輝度はいずれも200万ニット以上だった。

そして22年10月には、PoroGaNに次ぐ独自技術「ダイレクト・ピクセル・チューニング(DPT)」を発表した。1つのピクセルからあらゆる色を発光できる技術で、単一ピクセルから白色も発光できるようにし、本技術を「オールインワンピクセル」と呼んだ。

こうした一連の技術を結集し、23年5月の国際学会「SID」で0.26インチのLEDoSディスプレーを開発・展示した。PoroGaNとDPT技術を用いて、解像度1280×720、3.5μmのマイクロLEDを4.5μmピッチで製造した。LEDアレイと既存のCMOSバックプレーンをウエハー接合し、ワンステップでディスプレー化することに成功し、歩留まりが低かった製造の障壁を取り除いた。

台湾大手企業と戦略提携

23年末～24年にかけて、台湾企業と相次いで提携した。23年12月に鴻海科技集団(フォックスコン)と戦略提携を締結。AR用LEDoSディプレーの商品化を促進するのが狙いで、技術の融合や量産化フェーズのサプライチェーン管理などでも協力する。次いで、24年1月には、ファンドリー大手のパワーチップ（PSMC）と200mmのGaN on Silicon製造プロセスに関する戦略的パートナーシップ契約を締結。さらに、24年3月には鴻海グループで統合タッチソリューションを提供しているGIS（General Interface Solution）と提携し、AR製品向けにLEDoSディスプレー用光学コンポーネント＆

SID 2024にも展示ブースを構えた

モジュールの量産を目指すことを表明した。

また、24年5月には、電気めっきおよび湿式処理装置メーカーの米クラスワンテクノロジーから電気めっき装置「Solstice」を購入した。ポロテックのCEOであるTongtong Zhu氏は「クラスワンのめっき技術は、より大きなシリコンウエハーの利用による歩留まり向上をサポートする重要なプロセスステップの開発に信頼性が高く、効率的だ。協力により、今後数年間でPoroGaNとDPTのパフォーマンス上の利点をディスプレー用途にもたらす」と述べた。

ジェイドバードディスプレー

生産規模拡大で採用実績も増加

ジェイドバードディスプレー（Jade Bird Display＝JBD）は、香港と中国・上海に拠点を持つモノリシック型マイクロLED（LEDoS）ディスプレーメーカーだ。2015年に設立され、III-V族およびGaNのLEDアレイをウエハーベースでCMOSバックプレーンと組み合わせる技術を開発し、上海のパイロット生産施設で20年10月から量産を開始した。

23年10月、中国の安徽省合肥市でLEDoSディスプレー新工場の第1期工事を完了し、月産数十万個を出荷できるようになった。新工場は、合肥市の総合保税区域の敷地79エーカー（約32万m^2）に総建設面積約4.2万m^2で整備している。第1期の総投資額は約15億元で、研究開発から製造に至る一連の機能を備えた。

合肥新工場は2期に分けて工事を行う予定で、これが完成すれば、生産能力は年間1.2億個にまで高まる見通し。これにより供給能力とコスト競争力を向上し、ARグラス、車載用ヘッドアップディスプレー、マイクロプロジェクション、3Dプリンティング、スポーツ光学機器、ライトフィールドディスプレーなどへの搭載拡大を進める。

量産を開始して以来、収益成長率は50％以上

合肥新工場の生産ライン

を維持しているといい、LEDoSの累計出荷台数は100万台を超えた。すでに米Vuxixの「Shield」などARグラス各社の25モデルに搭載実績を上げ、24年には新たに10を超えるモデルが発売されると見込まれているため、LEDoSの出荷台数は前年比2倍になる見込みだという。24年6月にはプレBラウンドの資金調達を完了し、数億元を調達した。

フルカラー単一パネルを25年量産へ

LEDoSディスプレーの第1世代製品は20μmピッチの単色0.63インチで、625～630nmの赤色、520～530nmの緑色、445～455nmの青色で640×480画素のVGA（1200ppi）だった。19年4月には、5μmピッチ1280×720画素（5000ppi）の単色0.31インチを市場投入し、2.5μmピッチで1920×1080画素（1万ppi）を実現した0.22インチもラインアップ。さらに、320×480画素の0.63インチ（600ppi）品として赤と緑の40μmピッチ2色ディスプレーも開発。こうした開発を経て、20年10月に0.13インチ「JBD4UM480P」の量産開始をアナウンスした。

24年9月には、前世代から輝度を大幅に向上したフルカラー光学モジュール「ハミングバードⅠ」を発売した。ハミングバードは、RGBのLEDoSディスプレーをモジュール化したもの。ハミングバードⅠは、パネルの輝度向上に加えて、最大6ルーメンの光束出力によって、明るさを6000ニットに高めた。これにより、屋外の芝生の明るさ約1500ニットに対しても、非常に鮮明な視覚認識を提供できるようになった。体積は0.4cc、消費電力は150mWと小型・省エネを実現した。

さらに同月、単色の光学モジュール「ハミングバード ミニⅡ」も発売した。前世代の「ミニⅠ」と比べて、体積と重量の50％削減、ピーク光束の80％向上、標準消費電力の25％削減など、全面的にアップグレードした。サイズは小豆と同じ0.15cm^3、重さは0.3g。表示色深度も4ビットから8ビットに向上させた。出力光束は8ルーメン、光導波路により明るさ約8000ニットを実現し、ARグラスを屋内外や全天候で使用できるようにした。消費電力は60mWで、長いバッテリー寿命を保証。さらに、8ビットの色深度を備え、256グレーをサポートし、より繊細な単色表示を実現した。この新製品を

ハミングバードⅠカラー光学モジュールの屋外実物撮影

単色マイクロLEDモジュール「ハミングバードミニII」

搭載した初のARスマートグラスとして、中国スマートフォンメーカーのメイズが重量44gの「StarV Air2」を発売した。

また、単一パネルでRGBフルカラーを実現する開発も進めており、23年9月にはフルカラーLEDoS「フェニックスシリーズ」のプロトタイプを発表した。2K解像度でサブピクセルピッチ2.5μmの0.22インチ品で、サブピクセルの2×2アレイは4つの個別の電流駆動チャネルを備えた5μmピッチの白色ピクセルに結合されており、このうち3つはAlInGaN青色エミッター、AlInGaN緑色エミッター、AlInGaP赤色エミッターに個別に接続されている。赤で15nm、緑で30nm、青で18nmの半値全幅(FWHM)を実現しており、マイクロ有機ELディスプレー(OLEDoS)に比べて2桁以上高い輝度を実現できるという。25年の量産化を目指し、標準製品として2μmサブピクセルピッチの4K解像度、4μm白色ピクセルピッチの2K解像度に相当する0.3インチパネルを開発中だ。

回折導波路の補正装置も開発

24年4月には、AR導波路ディスプレーのテスト＆補正装置「ARTCs」も発売した。回折導波路の不均一性に対処する業界初のソリューションとして、ディスプレーの画質を向上させることができるという。

このソリューションは、ARTC導波管装置、独自の導波管画質アルゴリズム、プロジェクター側のコンピューティングで構成される。導波管の特性を抽出し、アルゴリズムで補正係数を計算し、導波管とマイクロディスプレー／プロジェクターの両方に起因する不均一性をワンショットで修正できる。

具体的には、明るさと色の不均一性や歪みを

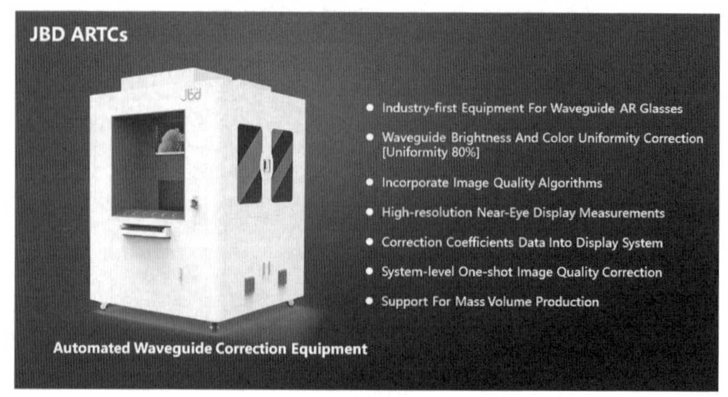

ARTCs光導波路画質補正装置

引き起こす回折導波路を修正し、全体的な輝度の均一性を40％未満から80％以上に増加させ、色差⊿Eを0.1以上から0.02まで減少させる。ICレベルで画像補正をサポートし、リアルタイムの補償と導波路の均一性を最適化する。

これにより、導波管ディスプレーの個体差を排除して、高い均一性と優れた画質を実現。システムレベルのデムラソリューションとして、表示の均一性を劇的に改善し、視覚的なアーティファクトを効果的に抑制し、導波管ARグラスの歩留まりと生産を向上することができる。自社のフルカラー光学モジュール「ハミングバードⅠ」の開発にも活用した。

鴻海精密工業

エノスターと0.12インチを開発

鴻海精密工業は2023年4月、台湾LEDメーカーのエノスターおよびその子会社ユニコーンセミコンダクターと共同で、0.12インチの青色マイクロLEDディスプレー（LEDoS）を開発し、画素密度6500ppi超、青色光の明るさ20万ニットを実現した。

3社は、マイクロLEDチップの構造を最適化し、新たな薄膜保護技術を採用して効率を改善し、表面欠陥の低減と外部量子効率の改善によって、製品の信頼性を高める協業を行った。III-V族半導体の製造とプロセス技術で豊富な経験を持つユニコーン社が、輝度とチップ電力のバランスを確保する責任を負った。鴻海は、独自開発した色変換技術を使用し、3600ppiでフルカラー表示を実現した。

一般的な高ppiフルカラーディスプレーは、小さなピクセルピッチでは十分な量子ドット光学密度を提供できず、高輝度シーンで青色光が漏れ、ピクセル間のブルーハローとカラーシフトが発生する。これに対し、半導体プロセスで構築された鴻海のマイクロLED製造技術は、高効率の量子ドット色変換と独自開発の反射型ピクセル間遮光技術を使用して、量子ドットの十分な光学密度を提供し、ピクセル間の色ずれを防ぎ、純粋な赤と緑を発光できるという。

3社は、協力して青色マイクロLEDプロセスの開発とファンドリーサービスを提供し、4μmピッチの高効率青色光ピクセルプロセスの開発を強化した。スマートグラスやAR／VRデバイスでの採用を狙い、鴻海はメタバース分野でビジネスチャンスを拡大するためコラボと技術革新に努めていく。

ポロテックと戦略的提携を締結

また、23年12月には、独自のGaN技術を開発している英ポロテックと戦略提携を締結した。AR用LEDoSディプレーの商品化を促進するのが狙いで、鴻海が持つ半導体デバイス製造の関連技術と、ポロテックの単一ピクセルからあらゆる色を発光できるダイレクト・ピクセル・チューニング（DPT）技術などのマイクロLED関連技術を融合させる。

ARアプリケーション向けのマイクロLEDデバイスの事業化には半導体ウエハーからIC設計、オプトエレクトロニクス、光学などの複数の技術が必要となるが、これらの統合は困難で、進歩は遅れていた。また、こうした多岐にわたる分野をまたぐポートフォリオを持つ企業も存在していなかった。

両社の技術を融合することで幅広い分野をカバーし、AR向けマイクロLEDの研究開発および製品化の加速が期待できる。フォックスコンはサプライチェーン管理にも強みを持ち、量産化フェーズにおいて貢献が見込まれる。

ちなみに、ポロテックは24年1月にファンドリー大手のパワーチップ（PSMC）と200mmのGaN on Silicon製造プロセスに関する戦略的パートナーシップ契約を締結。さらに、24年3月には鴻海グループで統合タッチソリューションを提供しているGIS（General Interface Solution）と提携し、AR製品向けにLEDoSディスプレー用光学コンポーネント＆モジュールの量産を目指すことも表明した。

沖電気工業（OKI）

CFB技術をマイクロLEDに展開

沖電気工業㈱（OKI）は、自社のLEDプリンター向けに製造しているLEDプリントヘッドの量産技術を応用し、モノリシック型マイクロLED（LEDoS）ディスプレーの事業化に取り組んでいる。LEDプリントヘッド向けに2006年から量産に適用している独自のLED製造技術、エピフィルムボンディング（Epi Film Bonding＝EFB）を活用しているのが特徴だ。LEDに限らず、様々な結晶材料に応用できる技術であり、現在はEFBをCFB（Crystal Film Bonding）と呼んで多方面に技術を展開している。

CFBとは、化合物半導体ウエハー上に形成したLED発光層の薄膜部分だけを剥離し、シリコンウエハーに形成したLEDドライバーIC上に、このLED薄膜を分子間力で強固に貼り付ける異種材料接合技術だ。自社のLEDプリントヘッド向けに採用して累計5億個（A4サイズ換算で2000万本）以上を出荷してきたが、CFBが剥がれる品質不良は一度も発生しておらず、きわめて高い信頼性を誇る。この量産はLED統括工場（群馬県高崎市西横手町）で手がけている。

GaN系LEDでもCFBを実証

OKIは10～13年にかけて、CFBでLEDoSディスプレーの事業化に取り組んだことがある。車載関連やウエアラブル関連など数社と1インチ未満の高輝度LEDoSディスプレーを開発し、このうち1社には双眼鏡のファインダー用に量産供給した。だが、当時は液晶ディスプレーの置き換えを求められ、コストが非常に厳しかったため長期のビジネスにはつながらず、いったん事業化を中断した。

しかし近年、マイクロLEDが世界的に注目を集め付加価値が見直されてきたため、事業化に向けた開発を再開し、直射日光下で生かせる

3D-CFB技術を用いたマイクロLEDチップの模式図

小型・高精細・高輝度のLEDoSとして実用化を目指している。LEDプリントヘッドに搭載するLEDは赤色であるため、GaAsウエハーベースにCFBを利用してきたが、青色および緑色のGaN系LEDにもCFBが有効か検証したところ、サンプルレベルでLED発光層の薄膜を剥離し、分子間力接合で異種基板上へ貼り合わせできる技術を確立した。

3D-CFB技術を開発

20年10月の「CEATEC 2020 ONLINE」では、CFBを用いた3D-LEDoSディスプレー技術を出展した。ドライバーIC上にLEDのRGB発光層を個別に積層して貼り合わせ、フルカラーの3D-LEDoSディスプレーを実現する技術「3D-CFB」の実証に成功した。エピ層を貼り合わせた後にチップ形成工程を行い、これをRGBそれぞれの発光層で繰り返し行う。エピ層を貼り合わせた後にLEDチップ形成工程を行うため、RGB各発光層の貼り合わせのずれは原理的に起こらない。

21年春には、LEDoSディスプレー事業で外部との協業を模索する考えを明らかにした。CFB技術を用いた複合集積フィルムとマストランスファー技術をディスプレーメーカーや装置・部材メーカーに提供する考え。協業に向けて、CFB技術でRGBのLEDチップを同一のフィルム上に集積し、これをバインド層で覆い、フィルム裏面にはコンタクト電極を形成した複合集積フィルムを開発した。これをパートナー企業に供給するとともに、実装ノウハウも一部供与し、パートナーがLEDoSディスプレーとして実用化するビジネスモデルで協業を図っていく。

プロセス実証や協業に向けたサンプル提案として、この複合集積フィルムを用いて、画面サイズ1.5インチで解像度176×RGB×272画素(250ppi)のLEDoSディスプレーも試作した。LEDチップのサイズは10×20μmを採用したが、実験では5μm角を用いることにも成功した。この技術で1000ppi程度まで対応可能とみているほか、将来はセンサーチップなどを集積化してセンサーやフォトニクスといった用途にも展開していく方針を示した。

KRYSTALとカスタムウエハーで協業

CFBの応用開発成果の1つとして、22年8月にKRYSTALと超音波センサーなどの圧電MEMSデバイスの性能を大幅に向上させることができる圧電単結晶薄膜接合ウエハーを試作した。KRYSTALのコアテクノロジーである単結晶化技術とCFBを融合して実現した。今後、圧電MEMSデバイスメーカーを中心に提案や拡販を進め、様々なニーズに応じたカスタムウエハーを提供し、事業規模100億円を目指す。

OKIがCFB技術を用い、KRYSTALの高性能なPZT（チタン酸ジルコン酸鉛）圧電単結晶薄膜をバッファー層から剥離し、SOIウエハーに直接接合する技術を確立。この接合ウエハーを用いて試作したMEMS超音波センサーは、従来の多結晶薄膜を用いたセンサーと比較して、20倍以上の感度(送受信電力効率)を実現した。

信越化学と独自GaNウエハーで連携

23年9月には、信越化学工業と連携し、CFBを利用した独自GaNウエハーの事業化を目指すと発表した。CFBと信越化学のQST基板(GaN成長専用の複合材料基板）を組み合わせ、GaN機能層のみを剥離し、異種材料基板へ接合する技術の開発に成功した。これによりオーミックコンタクトが可能な金属電極を介して、様々な基板に接合できる。そのため、放熱性の高い導電性基板に接合することで、高放熱と縦型導電を両立でき、大電流に対応できるGaNの縦型導電が可能となるため、縦型GaNパワーデバイスの実現と普及に貢献することを目指す。

これに伴い、OKIは西横手工場でCFB対応ラインを現在の6インチから8インチ化する取り組みを進める。信越化学はQST基板の販売に加え、磯部工場（群馬県安中市）でGaNを成長したエピタキシャル基板（6インチと8インチ）を生産しており、大口径化に有利な材料特性を活かして300mm化にも取り組んでいく。

シャープ

半導体事業の譲渡を検討

シャープ福山セミコンダクター（現シャープセミコンダクターイノベーション）とシャープ福山レーザーは、2019年5月のSID 2019にて、0.38インチで1053ppiを実現したモノリシック型フルカラーマイクロLED（LEDoS）ディスプレー「Silicon Display」を発表した。LEDoSでフルカラーを実現したのは世界初となった。

電子デバイス事業において、LEDおよびドライバーICの製造プロセスから、SoF（System on Film）やSiP（System in Package）といった組立技術、蛍光体技術にいたるまで、LEDoSに必要な全プロセス技術を保有しており、こうした技術のすり合わせがLEDoS実現のカギになると考えたのが開発のきっかけ。ARグラス用として実用化を狙う。

これまでは、ジャパンディスプレイから取得した白山工場（石川県白山市）でLEDoSを量産する可能性があると報じられてきたが、経営再建の一環として、半導体事業を24年度中に他社に譲渡する方針を表明しており、譲渡の候補として親会社の鴻海精密工業と交渉している。アップルへの供給を視野に入れているのではとも噂されたが、売却の行方を含めて今後の動きが注目される。

色変換とLSWでsRGB比120％に

SID 2019に展示した0.38インチ品は、発光波長450nm近辺のGaN青色LEDを8×24μmサイズでサブピクセルを作り込み、これを0.38インチのアレイに切り出して、シリコンウエハーで作製したバックプレーンに貼り合わせた構造をしている。画面サイズ0.38インチに画素ピッチ24μmで352×198の解像度を有し、1053ppiを実現した。輝度は165mA駆動時に1000cd/m^{2}で、色再現性はsRGB比で120％を達成した。

LEDアレイは、高さを揃えた片面電極構造の青色LEDをサファイアウエハー上に作り込んだ。サブピクセルのサイズは8×24μmで、RGBで1画素24×24μmというサイズになる。これを切り出して、0.18μmルールで設計・製造したシリコンバックプレーン（Si-BP）に貼り合わせる。片面電極LEDをフリップチップ接合するため、これを念頭に置いた回路設計にしている。

LEDの電極とSi-BPの電極はAu-Auの熱圧着で接合している。接合で重要になるのがアライメント精度だが、詳細は明らかにしていないものの、かなり工夫した。接合後にレーザーリフトオフでLED薄膜チップをサファイアウエハーから剥離する。

Si-BPと接合したLEDアレイ上に、青色を赤色・緑色に変換する量子ドット（QD）蛍光体層をフォトリソプロセスで形成する。この際、隣り合うサブピクセル同士のクロストーク（混色）を防ぐため、サブピクセル間にLight Shielding Wall（LSW）という側壁を作り込む。LSWを作り込まなかった場合、色空間はsRGB比で6.0%にとどまるが、作り込むことで120.5%に高まる。

3600ppiまで高解像度化

1053ppi品は技術実証の意味合いが強く、製品化に向けて3000ppiへ高画素化した。画素（LEDチップ）サイズを24μmから8.4μmに微細化した3000ppiの青色単色0.13インチディスプレーの開発に成功し、次にこのフルカラー化をターゲットに掲げた。

開発したフルカラー0.13インチ品では、①カドミウムフリーQD材料の高効率化と②クロストークの低減に取り組んだ。①の対策として、従来はRGBのLED用に1対1で個別に設置していたカソードを、RGBを1つでカバーする「コモンカソード」を配置するかたちに変更した。これによりカソードの面積を小さくする一方、RGBの発光エリアを大きくした。②の対策としては、LSWの幅を狭くしてクロストークを防ぎ、色再現性をsRGB比で111%とした。

さらに、23年11月に開催したSHARP Tech-Dayには、0.38インチで1000ppiのフルカラーLEDoSディスプレーを展示した。ARグラスへの搭載を想定している。青色マイクロLEDでQD材料を励起して赤・緑を発光させたもので、さらに赤・緑のカラーフィルターを付加して発色を向上させ、LSWを設けた構造にした。すでに3600ppiまで開発が進んでおり、0.5インチHDも試作済みと説明した。

Tech-Dayに展示したフルカラーLEDoS

TDK

超小型フルカラーレーザーモジュール

TDK㈱は、ARグラス用の超小型フルカラーレーザーモジュールを開発し、2020年秋に開催された「CEATEC 2020 ONLINE」で紹介し、ニューノーマル社会を支える要素技術・デバイス部門の「準グランプリ」を受賞した。

同製品は、NTTと共同開発した可視光平面導波路と、RGBのレーザーチップを組み合わせて、8×5.5×2.7mmのサイズにモジュール化したものだ。重量はわずか0.35gときわめて軽く、既存の光学モジュールの1/10以下に小型化することに成功した。㈱QDレーザの協力のもと実際のARグラスに搭載して動作確認を行っている。

レーザーの波長は、赤636nm、緑520nm、青455nmで、最大表示色は約1620万色とフルカラーでの映像表示を実現。レーザーの出力はいずれも5mWで、視力改善を目的とした網膜走査型ARグラスへの搭載を意図して開発したため、出力をその基準であるクラス1に合わせた。

可視光平面導波路は、NTTと16年からオープンイノベーションを進め、研究所レベルで交流があったなかで共同開発した。従来の空間光学モジュールは、TO-CANパッケージのレーザーをミラーに反射させて合波していたため調芯カ所が多く、部品点数も多く、サイズも大きいのが課題だったが、開発した平面導波路は、1.5μm角の導波路を形成したプレート1枚でRGBを合波できるため調芯カ所が少なく、小型軽量化に寄与する。

また、レーザーチップと平面導波路の固定が課題だったが、TDKがHDDの熱アシストヘッドなどで培ってきた技術を応用し、全自動設備を開発して組立を可能にした。具体的には、レーザーチップをサブキャリアに搭載して切断し、平面導波路は光の入射面を高精度に研磨して鏡面化する。約1.5μm角の光導波路とレーザーチップのクラッド層を全自動設備で調芯してYAGレーザーで融着接合する。レーザーチップの搬送〜調芯〜接合までの一連の工程を5秒で実現しており、従来の空間光学モジュールに比べて生産性を100倍にアップすることができた。

開発したモジュールは0.35gで超小型

このモジュールを、MEMSミラーと組み合わせて光を走査し、映像を表示する仕組みで、解像度はMEMSミラーがどの程度の周波数で振れるかによって決まる。MEMSメーカーと共同で開発しているが、レーザーは点灯周波数が早いため高解像度にも対応可能で、解像度は、どの用途を狙うかによって変わってくるという。

さらに、並行して網膜走査型ARグラスへのデザインインを進め、これへの搭載・商品化を進めている(QDレーザがグラス化)。

網膜投影型ARグラスに搭載

開発した世界最小クラスの「超小型フルカラーレーザーモジュール(FCLM)」を搭載したレーザー網膜直接投影型ARグラス(スマートグラス)のデモ機を、CEATEC 2022に出展したほか、独electronica 2022や米CES 2023でも展示した。

従来のARグラスは、必ず焦点合わせが必要で、現実空間と仮想空間を同時に認識することは不可能だった。この課題を克服する有力候補が網膜直接投影方式であり、㈱QDレーザが網膜直接投影型グラスを製品化している。ただし、医療用途で視力に問題がある人向けに限定されていた。

TDKが開発したFCLMをグラスへ搭載することで、レーザー網膜直接投影型グラスで両眼での投影を実現できる。フォーカスフリーかつ、3D映像投影も可能となる。

ARグラスのデモ機は、TDKが光源となるFCLMを、QDレーザが光学系デザイン全般を担った。ARグラスで仮想的に表示されている像が網膜に直接投影されるため、眼の焦点を合わせなくても仮想空間と現実空間に存在するものを同時認識できる。

FCLMは、モジュール内にRGB（赤・緑・青）のレーザーダイオード（LD）を搭載し、それらの光軸を精密に合わせた合波をTDKの高精度技術で実現する。各色のレーザー強度を調整することで、1620万色の表現が可能。内部環境に応じて、カラーバランスを適切にフィードバックできる機構も搭載した。また、日本電信電話㈱（NTT）と共同開発した平面光波回路（PLC）を搭載している。レンズ、ミラーを不要とし、従来品比で1/10の体積および重量を実現した。

小型と高精度の実現には、TDKがHDDヘッド開発で培った光軸アライメント技術を応用。独自開発した製造装置により、1.5μmの導波路入口にRGBの各LDを光が漏れずに接合することに成功した。

ARグラスは、QDレーザの技術により視野角を従来品比約2倍の40°に拡大した画像を、フラットミラーで両眼に投影する。QDレーザ製RETISSAのレーザー網膜投影技術と装置を採用し、ピントの合った映像を網膜に直接投影するため、装着者が近視・遠視・乱視・弱視などを有していても、ピントの合った画像が得られる。

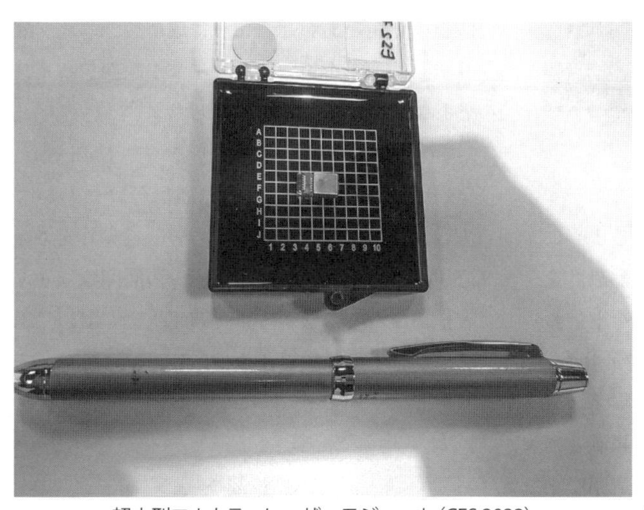

超小型フルカラーレーザーモジュール（CES 2022）

網膜投影型ARグラスのデモ機（CES 2022）

モジュールを2つ搭載して高解像度化

CEATEC 2023でFCLMを搭載した直接網膜投影方式の片眼タイプのARグラスと、両眼タイプのVRグラスを展示した。VRグラスは「世界初かつ唯一」（説明員）の製品であり、ARグラスと同時期の2024年にサンプル提供を開始する。

同社の直接網膜投影方式のレーザーモジュールは、レーザー光を合波する光導波路モジュールの設計、製造をTDKが手がけ、これを搭載した光学モジュールを㈱QDレーザが担当している。解像度は1280×720pで、視野角は40°。直接網膜に投影するため、フォーカスフリーだ。実際にARグラスをかけてみたところ、22年の製

CES 2023でのARグラスのデモ機

品発表時よりも画像が鮮明でよく見えるようになっており、これはモジュール全体の熱設計を工夫し、FCLMを2個搭載して解像度を上げるなどで実現したという。24年にサンプル出荷、25年の量産化を目指す。

さらに、同光学モジュールを両眼に搭載したVRグラスでは、サンプルとして宇宙空間を宇宙船が動く映像が視聴できた。映像はややドット感があるものの、3Dの奥行きが感じられ、ARグラス同様に色やコントラストが鮮明だった。ARグラスと同時期のサンプル出荷を目指す。

$LiNbO_3$薄膜でFCLMを4Kまで高精細化可能に

24年10月、ニオブ酸リチウム（$LiNbO_3$）薄膜を用いたスマートグラス用可視光フルカラーレーザー制御デバイスの開発に世界で初めて成功したと発表した。同デバイスのデモは、CEATEC 2024で出展された。

同製品の最大の特徴は、従来の可視光レーザーの色制御と比較して、ニオブ酸リチウム薄膜を用いることで10倍以上高速な可視光制御が可能となること。従来の可視光レーザーは電流で制御することにより色を変化させていたが、ニオブ酸リチウム薄膜に印加する電圧制御により色を変化させるため高速制御を実現した。これにより、高速制御が必要となる4K以上の映像解像度に対応でき、電圧制御になることで低消費電力化にも期待できる。

また、AR／VRスマートグラスに向けた機能実証のためにQDレーザと共同開発で映像動作実証を行った。QDレーザが有する網膜直接描画技術と組みあわせることに成功し、ニオブ酸リチウム薄膜を用いたデバイスが映像デバイスとして機能することを確認した。

発表日現在、ニオブ酸リチウムはBeyond 5G-6Gなどの長距離高速光通信分野において大きな注目を集めているものの、近赤外光での応用に注目が集まり、可視光への展開はほとんど検討されてこなかった。TDKでは、AR／VRスマートグラス用フルカラーレーザーモジュー

スパッタで量産できる$LiNbO_3$薄膜ウエハー

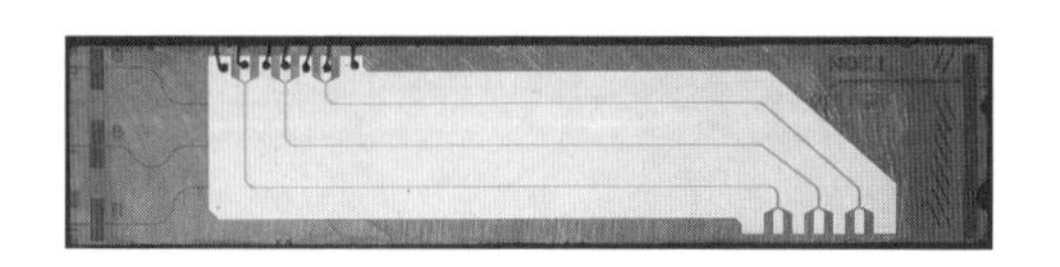

$LiNbO_3$を用いた新しいチップ

ルの開発において、可視光レーザーの将来的な速度限界を打破する手段としてニオブ酸リチウムに着眼し、研究開発の結果、赤、緑、青の光三原色すべての色を制御できることを確認した。サンプル出荷は25年から、アイウエアとしての製品展開は27年ごろを目指す。

同デバイス製造においては、従来のバルクを用いてニオブ酸リチウムを基板に貼り付ける手法ではなく、大量生産に適したスパッタ法で薄膜形成を実現したこともひとつの特徴。同社がこれまで培ってきた独自の薄膜形成技術を応用することで、スパッタ法によるニオブ酸リチウムデバイスの製造と動作確認に初めて成功した。これにより、量産化に強い製品となる。

なお、同デバイス開発成果は、AR／VR用スマートグラス向け映像デバイスだけでなく、今後大きな成長が期待される分野へも展開が可能で、具体的には、DXなどによるデータ量の急拡大に直面しているデータセンターでの高速光通信や、今後の性能向上のために技術開発が必要となる生成AIにおける高速光配線など、ニオブ酸リチウムデバイスのさらなる用途拡大を検討していく。

福井大学

超小型光源モジュールを開発

国立大学法人 福井大学が開発した超小型光源モジュールは、2010年ごろ同大学客員教授の勝山俊夫氏が、光の制御技術を用いて光の3原色を同時に合波する技術＝導波路のパターンを発明したものがベースとなっている。同技術で、光源モジュールと、同モジュールにMEMSミラー＋コリメーターを搭載した光学エンジンの開発を進めた。

光源モジュールは、SiO_2が成膜されたシリコン基板上に、赤・青・緑（RGB）のレーザーダイオード（LD）の光を合波するための導波路パターンを形成した非常にシンプルな構造。合波方法は「光導波路合波方式」で、従来の「空間結合合波方式」よりも圧倒的な小型化を実現し、高い耐振動性能を持つ。

従来の空間結合合波方式は、複数のレンズやミラーに光源、MEMSミラーや光ファイバーなどの部材が必要となるため、全体の大きさが数cmにも及び、温度や振動で軸ズレが起きてしまう。この点、同大学が開発した光源モジュールは、シリコン基板上に形成しているため軸ズ

光学エンジンモジュール

レ自体が無く、信頼性が非常に高いというメリットがある。さらに、RGB合波器（＝光源モジュール）の大きさは8×4×3mm（縦・横・高さ）と非常に小型で、光学エンジン化しても100円玉よりも小さくできる。

さらに、このカギとなる合波路パターンの発明以外は、すべて既存の技術、材料で製造可能な点も大きなメリットだ。小型化、高信頼性、量産性を兼ね備えた新デバイスを開発したと言える。

パターンの形成については、県内企業のセーレンKST㈱が手がける。同社は、SiO_2の厚膜形成で世界トップシェアを保持しており、光通信などで用いられる高透明で超厚膜な成膜を得意とする。福井大学では、同社と導波路形成のライセンス契約を結んでおり、モジュールやエンジン化、その先の企業との協業や量産化といった事業展開は同社が手がけている。また、同社とシチズン電子㈱が共同で小型RGBレーザーパッケージを開発しており、それぞれで拡販活動を進めている。

このほか、海外のMEMSメーカーとも意見交換などを進めている。現状の光学エンジンから出る映像は720Pを実現しているが、高精細化や画角の拡大ついては、MEMSの性能向上が必須となるためという。

センサー、医療、車載向けへの展開も

同製品は、17～21年度の5年間で、文部科学省の「地域イノベーション・エコシステム形成プログラム」に採択され、福井県とともに事業展開までの道筋を築いてきた。その中で、事業化プロジェクト（PJ）で超小型光学エンジンの事業化を、次世代PJで日本原子力開発機構と協業して産業用途への展開を図り、基盤構築PJで地域基盤の活用と連携について県と進めてきた。

今後の事業のロードマップとしては、光応用産業分野での展開を進めていく考えだ。ターゲットを①ビジョン市場と②非ビジョン市場向けとに分け、②では波長選択システムや生体認証センサー、マルチ波長計測システムなど、センサーとしての応用展開を視野に入れる。LDの波長を変えるなどの試行錯誤を企業と協業して進めており、次世代製品として位置づけている。

一方、①においては、BtoC向けで、メガネ型ディスプレー→エンタテイメント・MR分野→ウエラブルスクリーンへの展開を、BtoB向けで(マニュアル投影などの)一般産業用MR(Mixed Reality)→(手術補助などの)医療用MRまでの展開が視野にある。また、ピコプロジェクター→車載用HUD（ヘッドアップディスプレー）→一般産業MR・車内照明などへのロードマップも進めている。

この中で、メガネ型(スマートグラス）は事業展開に向けたサンプル製作に着手し、車載用HUDはいくつかの商談を進めている状況だ。小型化が可能で信頼性が高い点が車載向けでも注目度が高

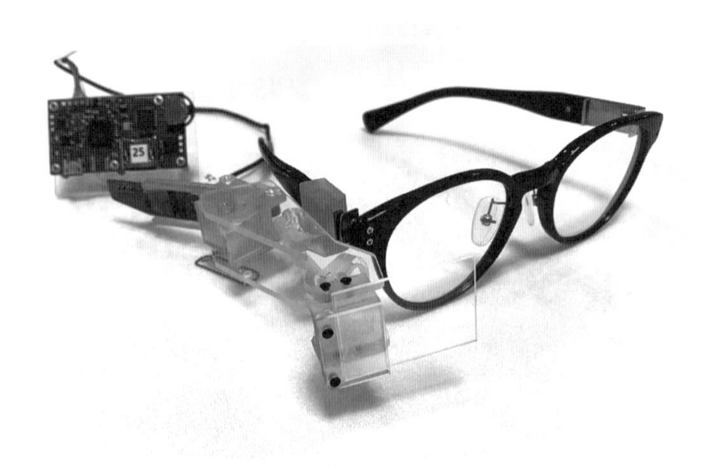

スマートグラスも試作した

く、高評価を得ているという。

ふくい桜マラソンでARグラスの実証

福井県鯖江市は、眼鏡（フレーム）の生産地で世界的にも有名だ。人間工学にもとづくメガネのかけ心地について、長年の知見を持つ同市のメガネメーカーには、世界のスマートグラスメーカーがこぞって日参し、その知識の片鱗に触れたがるという。同市を擁する福井県では、スマートグラスへの展開を進める超小型光源モジュールの普及をバックアップしている。

福井県工業技術センターと㈱ボストンクラブ（福井県鯖江市）は、24年3月に開催した「ふくい桜マラソン2024」で実証実験を行うべく、「マラソンランナー向けARグラス」を共同開発したと発表した。走行ペース、走行距離、心拍数の表示が可能だ。23年3月26日開催のプレ大会にて、実際のランナーが装着して走る実証実験を行った。

開発した試作モデルは、AR画像を投影するARディスプレー部、GPSセンサーと脈波センサーを搭載したセンサー部で構成されており、バッテリーを搭載して無線通信で単独動作するコードレスタイプ。バッテリーは、主にドローンなどで使用される小型・軽量のリチウムイオンポリマー電池を採用し、省電力のBluetooth 5.9で無線相互通信を行うことで、配線を不要にした。バッテリーにより約7時間の連続動作が可能で、USB Type Cコネクターで充電することができる。

ディスプレー部は、表示機能の簡素化により画素が少なく画像は粗いものの、小型マイコンで描画可能な有機ELディスプレーを採用した（サイズ＝0.95型、解像度＝96×64pixel）。様々なセンサーと連携することで、マラソン以外の用途にも展開が可能だ。

またセンサー部は、バッテリーの他にGPSセンサーと脈波センサー、Bluetooth内蔵の小型マイコンを搭載した。マイコンがGPSセンサーの信号から走行ペースと走行距離を、脈波センサーの信号から心拍数を、それぞれリアルタイムで算出してARディスプレー部に無線送信する。

心拍数は脈波センサーを耳に取り付けて計測する仕組みで、これらのソフトウエア開発につ

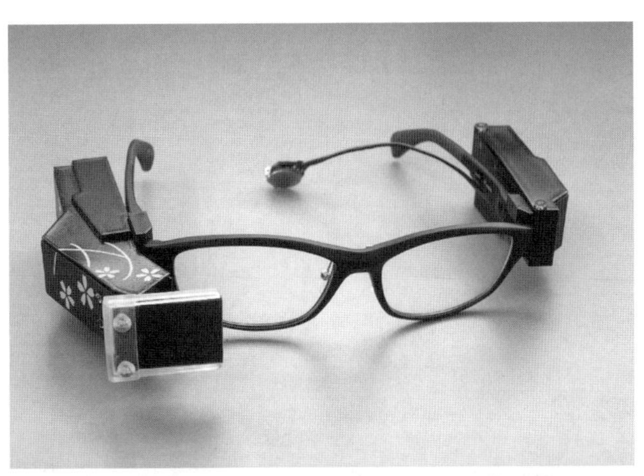

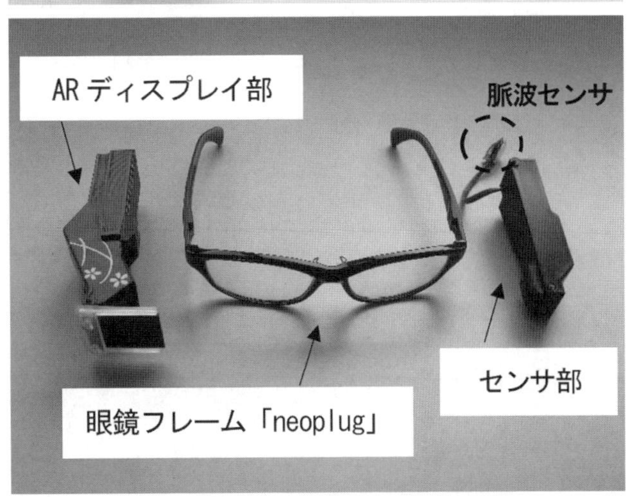

ふくい桜マラソンでの実証機

いても福井県工業技術センターが一括で行った。今後のニーズに合わせて、表示内容のカスタマイズなども可能としている。

走行ペース（1kmを何分のペースで走っているか）やスタート地点からの走行距離、心拍数をAR像としてリアルタイムで表示できる。このためランナーはわずかな視線移動だけで情報を確認でき、ランニングフォームを崩すことなく走り続けることができる。

眼鏡フレームの右側にARディスプレー部を、センサー部を左側に装着することで、左右の重量バランスを保つ構成にした。ボストンクラブが展開する、ウエアラブルの着脱機構を設けた眼鏡フレーム「neoplug」に装着して使用する。また、ディスプレー部の重さは約47gで、前後の重心位置を後ろ側に配置することで鼻にかかる荷重を低減させ、長時間のかけ心地を向上させる設計にした。ボストンクラブは、マラソン大会に合わせ福井のFと桜をあしらった同モデルのデザインを担当した。

なお、福井県工業技術センターと福井大学は、東京ビッグサイト23年5月に開催されたJPCA Showに出展し、県内の産官学が連携して開発した世界最小レベルの超小型光学エンジンやARグラスなどを展示した。ARグラスは超小型光学エンジンを搭載したモデルや、マラソンランナー向けに開発した有機ELディスプレー搭載のモデルが出品された。

第3章

LEDoS・OLEDoS製造技術動向

OLEDoS製造技術

高輝度化と低コスト化で先行

タンデム化や塗り分けがテーマに

スマートフォン（スマホ）市場で成功を収めた有機ELは、XR市場でも主力のディスプレーデバイスとなりそうだ。マイクロ有機EL(OLED on Silicon＝OLEDoS)のライバルとなるのは、LCOSとLEDoSだが、2024年時点でメーカーの生産・供給能力、コスト、輝度いずれにおいてもライバルを上回っていると言え、解像度においてもLCOSとほぼ遜色ないため、応答速度などの観点からスマートグラスやヘッドマウントディスプレー（HMD）にOLEDoSを採用するケースが増えてきている。XR市場の将来的な成長性に期待し、300mmウエハーを用いた量産投資を構えるメーカーが中国を中心に増えており、うまく立ち上がればさらなるコスト競争力を備える可能性もある。

300mm化については、OLEDoSメーカーの大口径化投資以外として、24年2月にスペシャルティーファンドリーのタワー・セミコンダクターと中国のバックプレーン（BP）設計会社である天宜微電子（Tianyi Micro）がAR／VR向けOLEDoSに関する戦略的提携を結び、BP向け専用プロセスの開発で協業すると発表した。タワーが180nmおよび65nmの専用プロセスを開発し、高解像度、高輝度、超低リークといった要求に対応するプロセスフローを用意する。天宜微電子はOLEDoSおよびマイクロLEDのドライバーIC設計に特化し、空間コンピューティング機器用の1.3インチOLEDoS向けBP「TY130」を開発中だという。

LEDoS（LED on Silicon）の開発・実用化を進める企業が数多く登場していることから、OLEDoSにもさらなる性能向上が求められている。例えば、屋外で使用するケースが多いシースルー型のスマートグラスでは、明るい太陽光の直下でも高い視認性を確保できることが重視されるため、高輝度化が重要なファクターとなる。発光デバイスとして輝度に優れるLEDに対抗するため、OLEDoSでは発光層をタンデム化（2層化）する動きや、光の吸収要因となるカラーフィルター（CF）を無くす取り組みがある。

タンデム型有機EL（左）とアップル向けIT用タンデム有機ELの構造

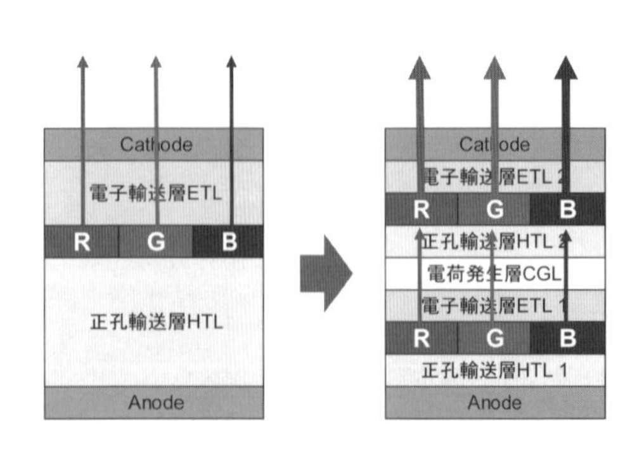

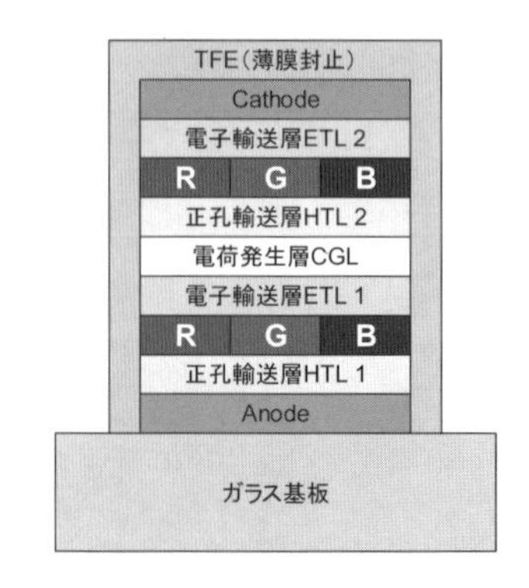

また、高解像度化に向けては、スマホ用有機ELの量産プロセスと同様に、RGB発光層の形成にファインメタルマスク（FMM）を利用しようとする動きがある。既存のOLEDoSは白色発光の有機EL＋CFという構造で量産されているため、RGB発光層の形成にオープンマスクを用いているが、これをFMMで高精細に塗り分けようという取り組みだ。さらに、この塗り分けにインバー材のFMMを使うか、シリコンで製造したファインシリコンマスク（FSM）を使うかという検討がなされている。

真空蒸着装置

OLEDoS用は韓国メーカーが注力

真空蒸着装置は、有機ELのRGB発光層の形成に不可欠で、有機EL製造装置のなかで最大の市場規模を誇っている。スマホやIT用のパネル向けではキヤノントッキが独占的な地位を確立し、G6やG8のガラス基板に対応した大型製造ラインを数多くのFPDメーカーに供給しているが、装置のサイズが比較的小さいOLEDoS用に関してはアルバック、韓国のサニックシステム（SUNIC System）およびSNUプレシジョン（SNU Precision）といったメーカーが強みを持つ。すでに300mmウエハー対応機が市場投入されており、成膜効率の向上などを競っている。

アルバックは成膜効率4倍を目指す

㈱アルバック（神奈川県茅ヶ崎市）は、有機蒸着用装置として、200mmウエハー対応の「SATELLA（サテラ）」をリリースしたのが始まりで、これをベースにガラス基板に対応したディスプレー用の「ZELDA（ゼルダ）」を1999年にリリースし、シリーズ展開を進めてきた。これらで培ってきた技術と、半導体用装置である「ENTRON（エントロン）」の装置技術を融合した300mm対応の「SELION（セリオン）」を16年から販売している。

SELIONは、プラットフォームが半導体製造装置であるため、ディスプレー用よりもパーティクル対策への対応力が格段に高い。具体的には、プロセス室の背面側に搬送室とメタルマスクのストック室を配置し、それぞれに専用の搬送ロボットを搭載することで、クロスコンタミネーションを最大限抑制している。搬送ロボット自体の仕様も半導体プロセスに適したものを採用している。OLEDoSメーカーの膜構成によってスループットやタクトが異なってくるため、顧客ごとにカスタマイズしたかたちで提供するケースがほとんどだ。

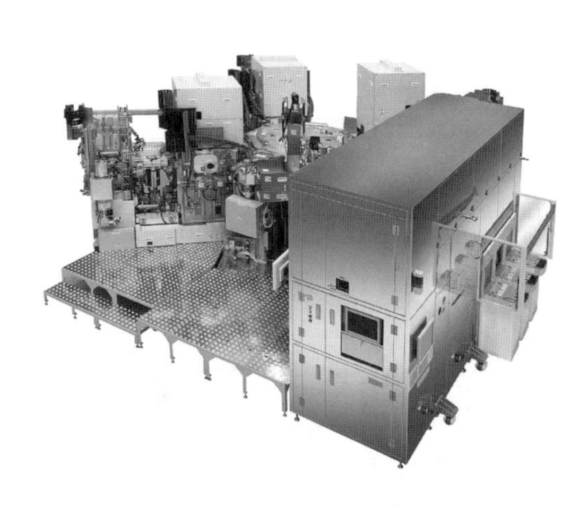

アルバック　300mm対応の「SELION」

引き合いについては、日本、中国、韓国を中心に増えてきてはいるが、OLEDoSメーカーの投資サイクルに伴って振れが大きいという。今後は、よりハイスペックなOLEDoSの製造に適した真空蒸着装置を提供していくつもりだが、今後は有機材料の利用効率のさらなる向上や、装置の安定性、顧客の使い易さをより追求していく考え。加えて、成膜効率を従来比で4倍に高める技術を開発中で、24年内の完成を目指しており、技術的には完成が見えてきている。また、真空蒸着装置に限らず、その周辺プロセスに不可欠なTCOスパッタや封止用CVDといった装置群、さらには真空ポンプをはじめとするコンポーネントまで含め装置全体を一貫で提案できることも強みで、顧客にとってのメリットを最大化する提案を今後さらに強化していく方針だ。

サニックシステムは24年の売り上げ好調

サニックシステム(SUNIC System)は、有機EL用真空蒸着装置「SUNICEL」シリーズを展開し、200×200mm（G1）ガラス基板用からG6用まで手がけている。LGディスプレー（LGD）と関係が深い。全社売上高は、17年1236億ウォン、18年1180億ウォン、19年876億ウォン、20年656億ウォン、21年462億ウォン、22年741億ウォン、23年624億ウォンと推移。このうち真空蒸着装置の売上高は、17年1195億ウォン、18年1146億ウォン、19年837億ウォン、20年623億ウォン、21年429億ウォンと減少していたが、22年は690億ウォンと反転し、23年は559億ウォンを記録した。

真空蒸着装置のシェア向上に努める考えを示し、大型ガラス基板への対応やハイブリッド型RGB有機EL向けのプロセス開発に取り組んできたが、近年はOLEDoSへの投資増加で300mm対応装置のニーズが増加し、業績反転に寄与しているようだ。23年6月にはOLEDoSメーカーの中国SeeYaから322億ウォンの受注を得た。

24年は、1～6月期の累計実績で、全社売上高が599億ウォン、このうち蒸着装置の売上高が572億ウォンと大きく伸びている。24年3月に中国LakesideからOLEDoS量産用蒸着装置を332.9億ウォンで受注したほか、同年4月にSamsung SDI Wuxiから（金額は未公表)、同年9月にはDuPont Specialty Solutions Koreaから55.5億ウォンで、それぞれ有機EL研究開発用蒸着装置を受注した。

このほか、24年6月にはChengdu BOE Display Technology（成都BOE）から有機EL量産用の真空蒸着装置も受注した。契約期間は26年1月末まで。受注額は非公表。本件は、BOEが四川省成都市に建設中のG8.7有機EL工場「B16」向けとみられる。

SNUプレシジョンはグループ内で合併へ

SNUプレシジョン(SNU Precision)は、液晶、有機EL、2次電池、半導体／PCBの製造装置を手がけており、有機EL製造装置では、ウエハーおよびガラス向けの真空蒸着装置「Helisys」とTFE（薄膜封止）装置をラインアップしている。親会社は工場のFA化や物流管理ソリューションなどを手がける装置メーカーのSFAエンジニアリング。SFAは、SNUとシーアイエスという傘下企業同士の合併を進めており、シーアイエスがSNUを吸収合併する方向で協議を進めている。

SNUの有機EL製造装置の売上高は、21年が

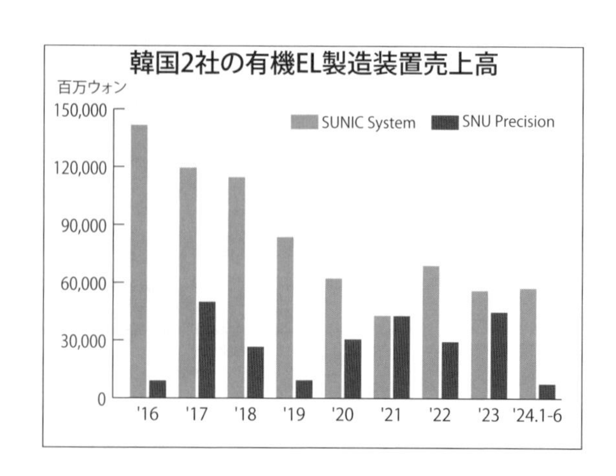

427億ウォン、22年が294億ウォン、23年が448億ウォンと推移しており、24年は1～6月の半期ベースで76億ウォンを売り上げている。近年の受注実績として、23年にWuhu Micro Display Intelligent Technologyからの283.3億ウォン（22年に受注した案件の金額変更）、24年9月にHuainan BCDTEK Technologyから242.9億ウォンを獲得している。

高輝度化技術

コーピンはデュオスタックで供給実績あり

高輝度化技術のうちタンデム化（発光層の2層化）については、19年からLGDが量産を開始したほか、アップルが24年からiPad ProにLGDとサムスンディスプレー（SDC）が製造したタンデム有機ELを採用するなど、中型パネルでは量産採用が進んでいる。

OLEDoSに関しては、米コーピン（Kopin）が「デュオスタック有機EL」として開発し、21年初頭に米国の公共安全企業向けに720p（1280×780画素）の0.49インチ品を出荷した実績がある。独自のColorMax技術と有機ELの発光層を2層化したデュオスタック構造を適用し、1Aあたり10カンデラ以上の高い電流効率と、sRGB 90％以上の優れた色再現性を実現した。ファンドリーパートナーである中国のLakeside Optoelectronic Technologyが製造した。

21年6月には、デュオスタック構造で3万5000ニット以上の高輝度を実現した緑色OLEDoSを開発した。さらに22年1月には、パナソニックの子会社Shiftallが発表した5.2K HDRVRヘッドセット「MeganeX（メガーヌエックス）」に、デュオスタック構造の1.3インチOLEDoSとオールプラスチック素材の光学モジュール「Pancake（パンケーキ）」を提供した。製造パートナーのLakesideと共同でデュオスタック構造を最適化し、CFのバンドパスと一致するカラースペクトルを出力し、高い色再現性と非常に高い電流効率による高い輝度を両立した。

OLEDWorksが米国政府と協定結び事業化へ

米国に本社を置く唯一の光学エンジン＆パネルメーカーとして有機EL照明パネルを手がけるOLEDWorksは、24年3月に米国政府と最大860万ドルの取引協定を締結し、米国陸軍向けにAR／VR用OLEDoSを設計・開発する。AR／VR-HMD向けを開発ターゲットに定め、直射日光下でシースルーの高輝度フルカラー表示を実現する。すでに独アーヘン工場で自動車用照明パネルの量産に適用しているマルチスタック（発光層のタンデム構造）プロセスを組み込む計画だ。

同社はOLEDoSに関して、20年7月のSID 2020でマルチスタック技術を発表したが、製品化に向けたアナウンスはしていなかった。マルチスタック技術について当時、sRGB比110％以上の色再現性が得られ、フルカラーで1万cd/m^{2}以上、緑色の単色であれば10万cd/m^{2}以上の明るさを実現でき、コントラスト10万対1以上が達成可能であり、5層程度まで複層化できると説明していた。

dPdやフォトリソ技術も候補に

タンデム化以外の高輝度化手法として、SDCが買収によって子会社化した米イメージン（eMagin）がCFレスを実現するダイレクトパターニング（dPd）技術を開発していた。dPd技術の詳細は明らかにしていないが、静電マスクを用いて有機材料を直接成膜する方法と装置に関する特許などを取得しており、シリコンウエハーに絶縁膜を形成してエッチングでパターン化し、1次RGB発光層を直接成膜する技術だと考えられる。SDCによる買収前に最大輝度1万cd/m^{2}を超える輝度を達成しており、最終的にフルカラーで2.8万ニットを実現することを目標に掲げていたが、買収以降はdPd技術の進展に関して目立ったアナウンスはしていない。

また、CFレスを実現するために、フォトリソグラフィー技術を活用するのが有効との見解もある。中～大型の有機ELでは、ジャパンディスプレイ(JDI)が「eLEAP」、中国のビジョノックスが「ViP」と呼ぶフォトリソ技術が提唱され、このうちビジョノックスは中国安徽省にG8.7量産工場の建設を決めた。ビジョノックスは主にテレビ用有機ELパネルの量産化を想定しているとみられる。

フォトリソ技術を採用する利点は、RGB発光層に電流を供給する共通層を分離できることにある。既存のRGB塗り分けプロセスでは、発光層こそ赤、緑、青と蒸着プロセスで個別に形成されるが、共通層はまさしく共通で、RGB発光層がすべて同一の共通層の上にあるかたちとなる。だが、フォトリソ技術でパターニングすれば、共通層も一括して剥離することでRGB個別に電流を供給できるようになる。これにより、隣り合うサブピクセルにリーク電流が流れたりすることがなくなるため、輝度を高められる可能性がある。

eMagin Microdisplay Advantage

White OLED Microdisplay with Color Filter

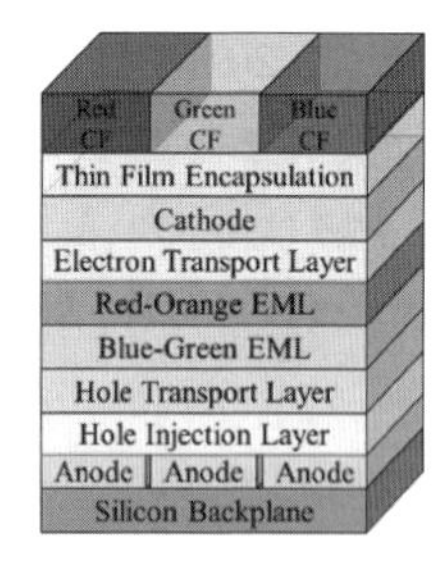

Directly Patterned OLED Microdisplay without Color Filter

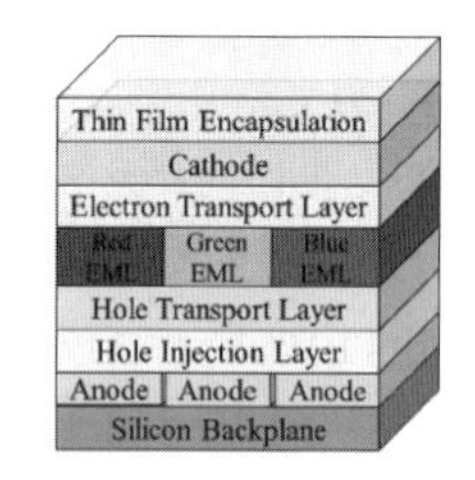

eMagin Direct Patterning Techology (dPd™)

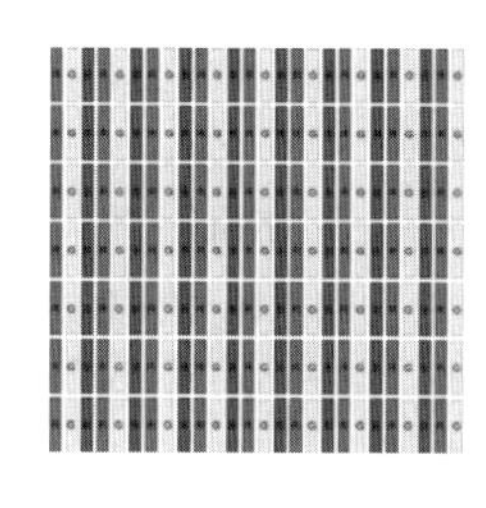

World's first directly patterned full color OLED microdisplay with highest brightness and resolution

SDCが買収したeMaginのdPd技術(同社ホームページより)

RGB塗り分け方式(左)とフォトリソ方式による有機EL素子構造の違い

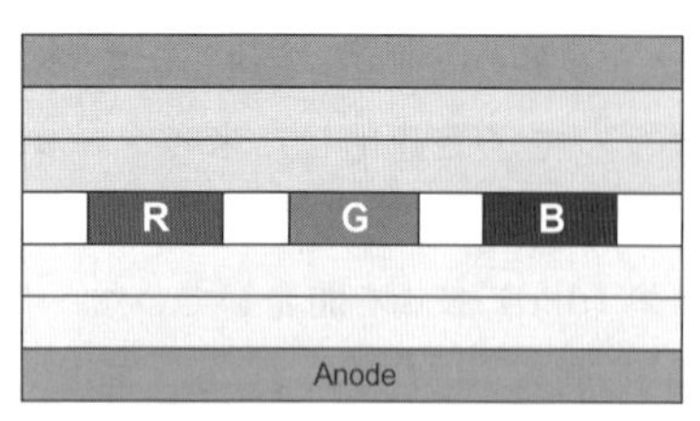

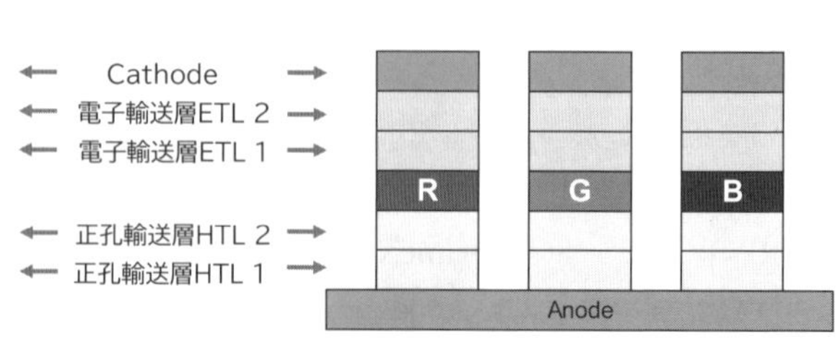

共通層がRGBすべてに接しているため、リーク電流の影響を受けやすい

共通層が独立しているため、リーク電流の影響を受けず、輝度を高めやすい

INT TechはリアルRGBでCF不要に

台湾の技術開発企業であるINT Tech（創王光電）は、RGBをSide by Sideで塗り分け成膜するOLEDoSの事業化に取り組んでいる。

同社は先端技術を開発・実用化するため16年に設立され、18年に台湾市場に株式を上場。20年1月に0.7インチ2300ppiのリアルRGB OLEDoSを点灯させることに成功した。過去には3000ppiパネルを静止画モードで点灯させたこともある。CFレス化によるリアルRGBの実現によって、OLEDoSのコントラスト比が10倍増加し、NTSCの色飽和度が96％に達し、明るさは2000ニットに到達する可能性があり、さらに既存のOLEDoSに比べて消費電力を50％削減できると説明している。

工業化の準備が整ったとしてAR／VRや産業用などに実用化を進めており、20年4月に中国浙江省台州市政府と連携して、現地の台州視宇科技有限公司（Taizhou Guanyu Technology）を通じて21年8月から生産を開始し、21年末から量産している。

INT Techによると、3147ppiの高いピクセル密度、5000ニットの高輝度、500mW以下の低消費電力（@5000ニット、IC電力消費なし）、200万対1の高コントラスト、NTSC100％以上の高彩度を実現できており、37℃（@5000ニット）を維持しながら動作でき、追加のヒートシンクを必要とせず小型化を可能にし、重量を軽減できると説明している。

22年には、0.39インチで3368ppiのフルカラー品を開発し、輝度1万2000ニットを達成したことも明らかにしている。

高解像度化技術

アテネがFMMで3000ppi超に対応

高解像度化技術では、スマホ用有機ELの量産プロセスと同様に、RGB発光層の形成にFMMを利用しようとする動きが出てきた。

アテネ㈱（東京都中央区）は、解像度3000ppi以上を実現できるOLEDoSの蒸着用FMMを開発した。同社はアディティブ工法の電鋳めっき技術に強みを持ち、2000年から同技術を用いた有機EL用FMMを提供してきた。FCCSPやFCBGA用のはんだバンプ印刷用、マイクロボール搭載用のメタルマスクも手がけている。

現在量産化されているOLEDoSは、白色発光の有機ELにCFを組み合わせたもので、RGB発光層はオープンマスクで全面蒸着して形成される。このため1000ppi以上への高解像度化が難しく、輝度や消費電力にも課題があるとされている。

一方、開発したFMMは、スマホ用有機ELのように、RGB発光層を個別に塗り分けることが可能。独自の電鋳プロセスによって、最小開口径を従来の5μmから3μmに、最小ギャップを17μmから3μmに微細化することに成功し、高精細な蒸着ができるようにした。

従来のFMMでは母材にSUSを用いているが、

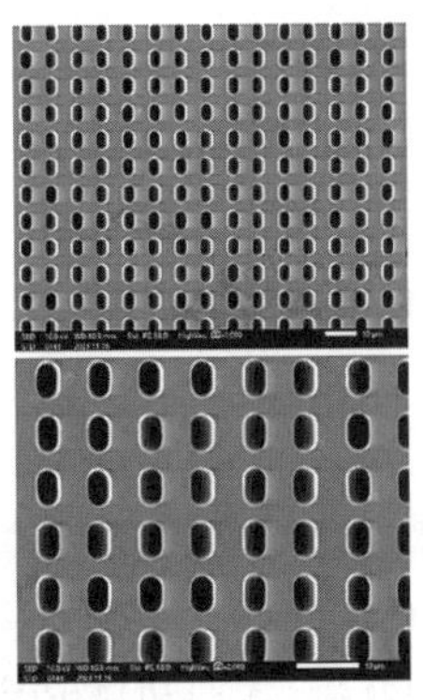

アテネが開発した3000ppi FMMのSEM写真
（㊤1000倍、㊦2000倍）

開発したFMMはドライフィルムレジストとの密着性がより高まる新素材を用いた。これにより、露光時の形状加工精度を高め、パターンの抜け性を向上した。さらに、従来FMMでは現像プロセスにシャワー技術を用いていたが、パターン精度を維持するため、プロセス条件を最適化した。

また、パネル部のめっき形成後にドライフィルムレジストを母材に貼り付けて露光を行い、2段めっきができるようにした。電鋳の材料には、従来のNi-Coに代えて、磁性がより高いFe-Ni合金を用いている。

こうした一連の改善により、開発したFMMでは、開口精度を従来の±2μmから±0.3μmに向上した。2段めっきによって、パネル部のマスク厚を従来の7μmから5μmに薄型化することにも成功。今後は顧客の要望に応じて3μmまで薄型化することも視野に入れている。フォトリソ工程および材料の改善によって、開口部のテーパー角は90°を実現できるが、これも顧客の要望に応じて、露光プロセスの改良などで角度をつけるかたちに改善していきたいという。

韓国勢がFSMやUC-FMMなど新技術を開発中

SDCは、24年1月に米ラスベガスで開催されたCES 2024で、イメージンと共同開発したFSMを初めて披露した。FSMは、半導体露光プロセスでシリコンに微細加工を施してマスクを製造するため、高解像度化が期待できる。展示したFSMは3500ppiを実現しており、このFSMを用いて試作したとみられるOLEDoSも展示した。ちなみに、SDCはフォトリソを用いるプロセスを採用することも視野に入れているようだ。

また、韓国の半導体・FPD製造装置メーカーであるAPSは、20年11月にFMMを手がけるAPSマテリアルズを子会社として設立し、グループ企業のAPシステムズが得意とするレーザー加工技術を駆使したFMMの事業化を進めている。APシステムズは、FPD製造装置事業を通じてSDCと取引実績がある。APSは、24年5月にAPSマテリアルズを吸収合併した。

APSはスマホ用有機ELおよびOLEDoS用にFMMを事業化していく方針で、厚さ10μm以下で3000ppiを実現できるFMMの開発に成功した。OLEDoS用はアップルにサンプル出荷しているとの報道がある。SDCが米イメージンを買収したことに伴い、FSMの開発にも興味を持つ。APSホールディングスにおけるFMM事業の業績は、21年が売上高1億9380万ウォン／営業赤字73億6352万ウォン、22年が売上高1億9999万ウォン／営業赤字80億6854万ウォン、23年が売上高1億9381万ウォン／営業赤字101億3411万ウォンと推移。24年は、1～6月の半期実績として、売上高が2億448万ウォン、営業赤字が65億9366万ウォンとなっている。

韓国のオラムマテリアル（Olum Material）も、21年にG8.5用FMMの開発に参入すると発表し、OLEDoS用FMMも開発している。既存のFMMは、インバー材にエッチング加工を施してスティック状のマスクを作成し、これを架張しながらマスクフレームに溶接して完成させる。だが、同社が開発中のユニットセル（UC）FMMは、あらかじめ格子状に加工したインバーのマスクフレームに、個別に作成したマスクをUCとして個別に貼り合わせるという手法で完成させる。このため、マスクを架張し、正確に位置合わせをしながら溶接する必要がなく、ガラス基板のサイズに応じて、作成するマスクのサイズも任意に設計することが可能になる。不良があった場合はUCを交換するだけで済むため、生産性も向上できると考えている。

一方、OLEDoS用については、シリコン基板を用いたタイプを開発中だ。シリコン基板にインバー材を貼り合わせ、フレームになる部分だけシリコンを残して、残りをエッチングで除去してしまう方式を検討しているとみられ、独自プロセスでインバー材の厚みを5μmまで薄くできるという。すでに21年に2000ppiのFMMを開発し、3000ppi以上や300mm対応の実現を目指している。

LEDoS製造技術

フルカラー化の実現が課題

候補となる手法は4つ

ARグラスやHMDなど小型XR機器に搭載されるマイクロLEDディスプレーは、画面サイズが1インチ前後と小さいため、モノリシック型と呼ばれるタイプが必要となる。ウエハー上に形成されたマイクロLEDアレイに、これを駆動するシリコンバックプレーンを貼り合わせたものが主流で、LED on Silicon（LEDoS）とも呼ばれる。

LEDは通常、青色と緑色はサファイア、赤色はGaAsのウエハー上にMOCVD（有機金属気

モノリシック型（LEDoS）でフルカラーを実現する 4つの手法

①単色LEDoSを個別に製造し、RGBモジュール化

・中国JBDがすでに事業化済み
RGBを個別チップで製造し、
X-Cubeモジュールとして組立

・新シリーズ「ハミングバード」も
商品化。新製品「Ⅰ」も発売
体積0.4cc、消費電力150mW

・単色用「ハミングバード ミニ」
もシリーズ化。重さ0.3g

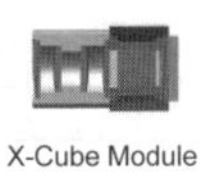

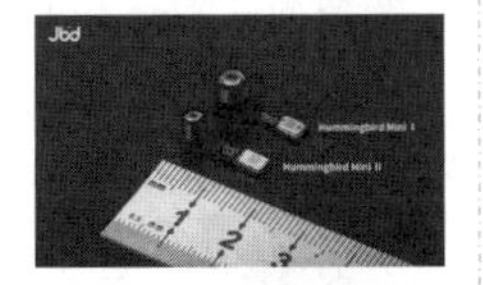

②単色LEDoSを量子ドット（QD）などで色変換

・シャープが0.38” 1053ppiのフルカラー品を開発済み（2019）
次いで、0.13” 3000ppi青色の開発にも成功
フルカラー3000ppi以上が実現できれば商品化へ？

・英ポロテックが同一ウエハーから
多色を発色できるDPT技術を開発
独自の多孔質GaNウエハーである
「PoroGaN」を活用する
ピクセル密度を4倍に向上できる

③同一ウエハー上でRGBをすべて発光させる

・仏Aledia、英Plessey、英Porotech、
ベルギーのMICLEDI Microdisplays、
英EpiPixなどが開発中
独自GaN材料を採用するケースも

・日本では大阪大学の藤原康文教授が
希土類LEDの開発に成功
同一ウエハー（サファイア）上でRGB
の同時発光を実現

④RGBの発光層だけを剥がして積層させる

・OKIが独自のエピフィルムボンディ
ング（EFB）技術を用いた3Dマイク
ロLEDディスプレー技術を開発

・EFBを用いて、ドライバーIC上に
LEDのRGB発光層を個別に積層し
て貼り合わせる

・エピ層を貼り合わせた後に、チップ
形成工程を行い、これをRGBそれ
ぞれの発光層で繰り返し行う

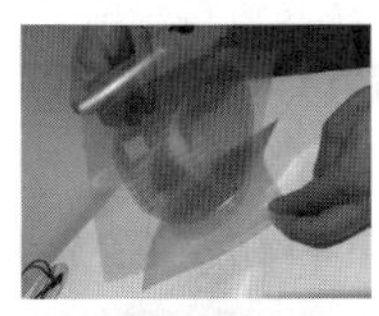

相成長）装置で発光層を成長させる。大型のマイクロLEDディスプレーを製造する場合は、個別に製造したRGBチップを移載して配列するマストランスファー（大量移載技術）を行うが、サイズが小さいLEDoSはマストランスファーが使えず単色パネルにとどまるため、フルカラー化する手法が課題となる。

フルカラーLEDoSを実現する手法は、現状で4つ考えられる。

1つ目は、RGB単色発光のLEDoSを製造し、これらをモジュール化してフルカラーを得る手法だ。この手法は、液晶プロジェクターなどに多用されてきた3LCD方式などで豊富な技術の蓄積があり、LEDoSにおいても中国のジェイドバードディスプレー（Jade Bird Display＝JBD）がX-Cubeポリクロームプロジェクターモジュールやフルカラーモジュール「ハミングバード」シリーズとして商品化している。ただし、RGBパネル3枚を組み合わせるため、1チップに比べてサイズが大きく、質量も重くなる。

2つ目は、単色マイクロLEDアレイを製造し、これに量子ドット（QD）材料を組み合わせて色変換して、フルカラー化する手法だ。一般的に、青色LEDアレイを製造し、これをQD層で赤色と緑色に色変換する。シャープをはじめ多くの企業がこの手法でフルカラー化に成功しているが、量産化にはまだ至っていない。QD材料の取り扱いにノウハウが必要で、色変換効率や輝度を高めるのが難しいといった課題も聞かれる。

3つ目は、同一ウエハー上でRGBすべてを発光させる手法だ。GaN on Siliconウエハーを用いて3色発光を得る開発に取り組む企業が欧米に多く、仏アレディア（Aledia）やベルギーのMICLEDIマイクロディスプレイズ（MICLEDI Microdisplays）などが開発している。日本では、大阪大学の藤原康文教授が希土類LEDという世界で唯一の研究によって、同一ウエハー上でのRGB同時発光に成功している。ただし、この手法も、2つ目と同様に、商業量産に至ってはいない。

4つ目は、RGB発光層を独自技術によって積層するという手法だ。沖電気工業（OKI）が保有するエピフィルムボンディング（Epi Film Bonding＝EFB）は、ウエハー上に形成したLED発光層の薄膜部分だけを剥離し、別ウエハーに形成したLEDドライバーIC上に分子間力で強固に貼り付ける異種材料接合技術。RGB発光層を個別に積層して貼り合わせ、フルカラーLEDoSを実現できる3D技術の実証に成功している。また、韓国のソウルセミコンダクター（および子会社のソウルバイオシス）もRGB発光層を垂直に積層するReal One Pixel技術を発表し、0.625mmピッチの54インチおよび0.9375mmピッチの81.5インチで4Kディスプレーを試作した。しかし、この手法も2つ目、3つ目と同様に、量産には適用されていない。

以下に、それぞれの手法で開発に取り組んでいるLEDoSメーカーの動向を紹介する。

QD色変換に取り組むLEDoSメーカー

レイソルブ（Raysolve、中国蘇州市）は、香港科技大学が持つマイクロチップの設計＆製造技術をもとに19年に設立された。同社の特徴は、GaN on Silicon青色LEDアレイ上にQD色変換層を塗布で形成し、フォトリソグラフィーを繰り返してフルカラー化する「全工程が半導体製造プロセスと同じ」という点にある。色変換層の厚さは2μm。色域については、sRGBで133 %、NTSCで94.2 %、DCI-P3で98.1%を達成しており、24ビットのグレーレベル、200万対1を超えるコントラスト比を備え、最大360Hzのフレームレートを実現できるという。シングルチップでフルカラーを実現した0.11インチと0.22インチを展示した事例がある。どちらも3.5μmのピクセルピッチで

レイソルブはフォトリソでQD色変換層を形成する（同社のPR動画より）

7200ppi、フルカラー輝度10万ニット以上を実現した。24年9月には、0.13インチのフルカラーLEDoS新製品「PowerMatch 1シリーズ」を発表し、アップグレードしたCMOS駆動アーキテクチャーによってフルカラーの明るさ25万ニットを達成したと発表した。

思坦国際半導体有限公司（Sitan Semiconductor International）は、21年に香港サイエンスパーク（HKSTP）のインキュベーションプログラムで設立された。22年に初の量産ライン構築を決定し、厦門に総面積約2万m^2の新工場を建設。23年10～12月期に設備の試運転と製品のパイロット点灯を完了し、24年中に量産を開始したい意向だ。年間生産能力としてモジュールベースで1000万セットを備えている。これまでに0.13インチと0.18インチ、0.45インチの青色と緑色などを開発した実績があるほか、23年に開催された台湾の展示会ではQD色変換方式のフルカラーモジュールを展示し、消費電力100mW未満、輝度1万ニット以上を実現。さらに、24年のSIDでは0.2インチのフルカラー品を展示。これは輝度が15万ニットまで向上しており、24年下期には20万ニット以上に引き上げる方針を示した。

RGB同時発光に取り組むLEDoSメーカー

スタートアップ企業の米Qピクセル（Q-Pixel）は、独自のポリクロマティック（多色）・マイクロLED技術によって、調整可能な多色発光ダイオード「TP-LED」の製造技術を持っているのが特徴だ。このTP-LED技術を用いて、23年5月にピクセルサイズ4μmで画素密度5000ppiのフルカラーLEDoSを開発。

思坦がSID 2024に展示した0.2型フルカラーLEDoS

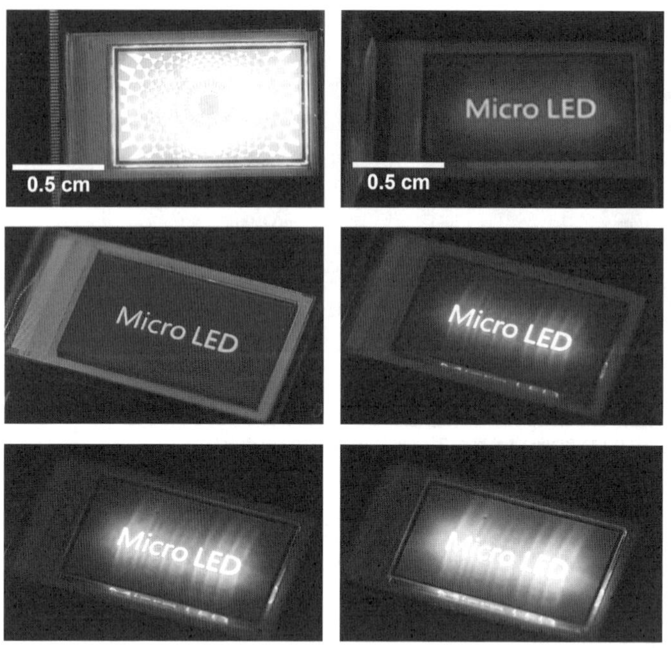

Qピクセルの6800ppi LEDoS

同年11月に、サイズ1μmで1万ppiのパッシブ型ディスプレーを開発し、24年5月には6800ppi品の開発に成功した。この6800ppi品はサイズ約1.1×0.55cm、解像度3K×1.5Kで製造した。TP-LEDによって、RGBサブピクセル、QD、CF、偏光子、機械的積層といった、LEDoSディスプレーの商品化で課題となる要件を排除したとコメントしている。

米イノベーションセミコンダクター（Innovation Semiconductor）は、歪み技術を利用してインジウム（In）の含有量が異なる領域を生成し、垂直構造のInGaNで赤から青までを発光できるマイクロLEDを開発している。この技術により、425～640nmの発光を可能にし、2～500μmまでのサイズを実証して、LEDoSで5000ppi以上の解像度を実現できるとしており、sRGBカラースペースより広い領域をカバーすることもできるという。また、QVGAでのLEDoSの明るさは100万ニット以上、ディスプレーの輝度変動は5％以下、サブピクセルピッチは5μm以下、最大動作温度175℃以上が実現できるとしている。

日本では、大阪大学大学院工学研究科マテリアル生産科学専攻の藤原康文教授が、希土類で発光させるLEDという世界で唯一の研究開発に取り組み、RGB3色を同一のサファイアウエハー上で発光させることに成功している。サファイアウエハー上にユーロピウム（Eu）を添加したGaNの赤色、InGaN量子井戸の青と緑を縦に積層していくフルカラーLEDを作製し、Rec.2020の色域面積比で105.5％、RGBで明るさ3100ニットを達成した。Eu添加GaN赤色LEDは621nmで発光し、半値幅は1nm未満。チップサイズ100μmと1μmで比較した場合、InGaN青色LEDはチッ

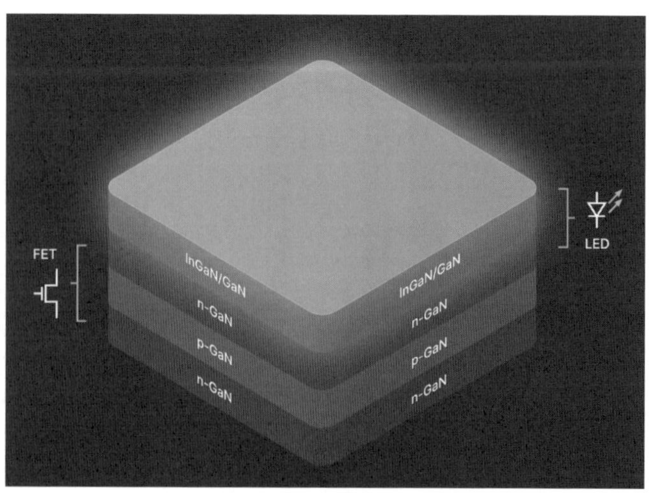

イノベーションセミコンダクターの縦型GaN構造（同社ホームページより）

藤原教授の希土類LEDは同一ウエハー上でRGB発光に成功

プサイズが小さくなると内部量子高率（IQE）が20％（1/5）に低下するが、Eu添加GaN-LEDは2割しか落ちないという。

英プレッシーセミコンダクターズ（Plessey Semiconductors）は、19年10月に独自のGaN on Silicon製造プロセスで同一シリコンウエハー上に青色と緑色の発光層を形成することに成功し、この技術で20年までにフルカラーLEDoSディスプレーを実現すると述べて、注目を集めた。20年3月には、SNS大手の米フェイスブック（現メタ・プラットフォームズ）と協業すると発表し、メタが開発中のARグラスにLEDoSディスプレーを独占供給するとみられたが、その後メタの戦略変更などもあって、23年にはメタがプレッシーのデバイスやプロセスを採用しない旨が海外メディアによって報じられた。

RGB発光層スタックに取り組むLEDoSメーカー

香港のスタートアップ、レイリービジョン（Rayleigh Vision、瑞利光有限公司）は23年10月、RGB発光層をスタックした3DマイクロLED技術を発表した。同社は、香港城市大学のJr-Hau He教授が率いて23年に設立された。独自技術を確立するため10件以上の特許を取得し、0.38インチの単色LEDoSディスプレー、3.5μm角チップを採用して7250ppiを実現した0.7インチのマイクロLEDアレイの開発に成功した。今後1～2年以内にモノクロ／フルカ

レイリービジョンの3層スタック マイクロLEDチップの模式図

ラーのLEDoSディスプレーの試作品を準備し、超高解像度を実証する予定。3～5年先を見据えて、量産用の専用施設で操業を拡大する考えだ。LEDのサイズを2.5μmまで徐々に小さくし、最終的に1万ppiを超える技術ロードマップを掲げている。また、香港城市大学および国立中正大学との提携により、ピクセルサイズ2μm未満の4K青色マイクロLEDマイクロディスプレーの開発にも協力。製造プロセスにAIを活用することにも取り組んでおり、AIアルゴリズムと機械学習を組み込んだ製造支援技術でトランスファー、検査、リペアプロセスの効率を大幅に向上したと発表している。

米サンダイオード（Sundiode）は21年4月、RGBサブピクセルを積層して単一ウエハー上に形成した構造のLEDoSディスプレーの開発を発表した。これを多接合技術と呼んでいる。21年11月には、この積層型LEDアレイとCMOSバックプレーンを組み合わせ、フルカラー化を実現。ディスプレーのサイズは15.4×8.6mm、ピクセルサイズは100μm、解像度は約200ppi。シリコンバックプレーンは台湾のジャスパーディスプレー（Jasper Display）が開発・提供した。さらに、23年1月には、韓国のエピウエハーメーカーであるソフトエピ（Soft-Epi）と協業し、接合技術を用いずにRGBを発光できるRGB積層ウエハーの開発に成功した。サファイアウエハー上にInGaNをエピ成長させるだけでRGBをすべて発光できるため、両社はこのウエハーでフルカラーLEDoSディスプレーの開発を進める予定だ。

MOCVD装置

LEDからRF／パワーへ用途が多様化

MOCVD装置は、LEDの発光層の形成に使用される。かつて中国がLEDの国産化と増産に補助金を乱発した10～11年に需要が急拡大し、その後は反動で急速に需要がしぼんだが、近年はGaNのRF／パワーデバイス、マイクロLEDやUV-LEDを中心としたスペシャリティーLED、VCSEL（垂直共振器面発光レーザー）といった新規アプリケーションが新たに立ち上がり、引き合いが戻ってきた。

装置メーカーの顔ぶれも変わった。かつては米ビーコ・インスツルメンツ（Veeco Instruments）と独アイクストロン（Aixtron）がシェアの9割を握り、これに大陽日酸が続くという構図だったが、中国政府の国産化政策の後押しを受けたこともあって、AMEC（中微半導体設備）とTOPEC（中晟光電設備）という中国メーカーが中国の汎用GaN系LED市場で急速にシェアを上げ、中国市場はこの2社が寡占する状態となり、ビーコは汎用LED向けからほぼ手を引いた。

用途がLEDからVCSELやGaNのRF／パワーデバイスへと広がり、近年は成膜技術の高度化や大口径ウエハー対応、スループットの向上などが求められるなか、近年はアイクストロンがシェアを回復。調査会社ガートナーの調べによると、23年のMOCVD市場7.04億ドルのうち、アイクストロンが82％、AMECとビーコが各9％というシェア構成へ変化している。

アイクストロンはマイクロLED向けで受注実績多数

アイクストロンは、MOCVDのなかでもUVや赤外といった非可視光領域のスペシャリティーLEDおよびVCSELなどのフォトニクス領域で使用される量産用装置で非常に高いシェアを誇り、GaNパワーデバイス用でも世界シェア首位の地位にある。

24年は、通年売上高見通しを6.2億～6.6億ユーロ（23年は6.3億ユーロ）と想定し、前年並みを維持できる見通しを示した。直近の24年

4～6月期の売上高は前年同期比24％減の1.32億ユーロとガイダンスの中間値を若干上回った。このうち装置の売上高は同30％減の1.05億ユーロ。内訳は、マイクロLEDを含むLED向けが42％と好調だったほか、GaNパワーが24％、SiCパワーが19％などとなった。LED向けに関しては、赤色向けの旧世代装置が多かったため、収益性は低くなった。

受注は1.76億ユーロと好調を維持し、受注残高は4億ユーロを超えた。装置受注の57％をSiC向け、29％をGaN向けが占めるなど好調を維持。24年7～9月期、24年10～12月期ともに同水準を維持できる見通しという。

今後の需要増に備え、イタリアのピエモンテ州トリノ近郊にある既存施設を数百万ユーロで買収し、新工場を整備する。これにより将来的に生産能力を2倍に増やす。また、ドイツ本社敷地内では約1億ユーロを投じてイノベーションセンターを新築中で、研究開発用クリーンルームが約1000m^{2}追加され、24年後半から一部設備の搬入を開始する。

AMECはミニLED用で実績、マイクロLEDも視野に

AMECは、照明用青色LED向けの「PRISMO A7」、深紫外LED用の「PRISMO HiT3」、ミニLED用の「PRISMO UniMax」など、多数のMOCVD装置をラインアップしている。なかでもPRISMO UniMaxは、21年6月の正式リリース以来、高出力、高波長均一性、高歩留まりなどを強みに、ミニLED向けに実績を伸ばしている。22年にはGaNパワーデバイス用に「PRISMO PD5」を発売し、国内外の主要顧客からリピート注文も獲得している。

同社の主力製品は半導体用エッチング装置で、売上高の大半を占める。中国政府の半導体振興策によって近年は業績を大きく伸ばして

アイクストロンの業績と装置売上高の用途別構成比 2020-2024

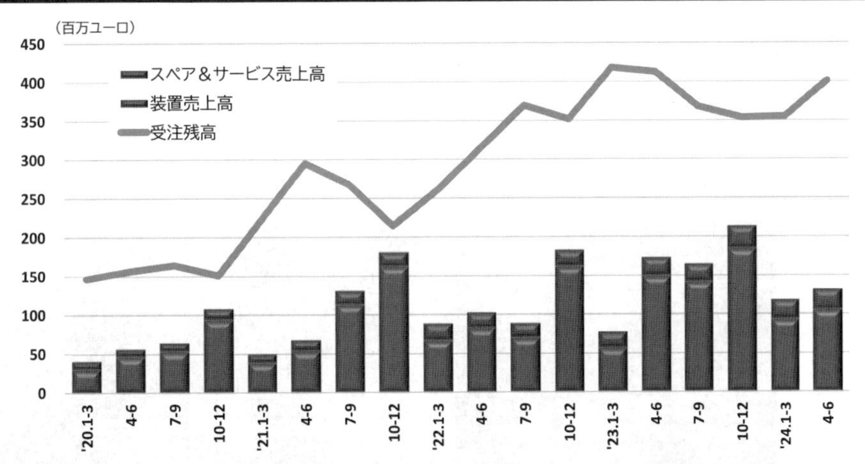

<table>
<tr><th></th><th>'20.1-3</th><th>4-6</th><th>7-9</th><th>10-12</th><th>'21.1-3</th><th>4-6</th><th>7-9</th><th>10-12</th><th>'22.1-3</th><th>4-6</th><th>7-9</th><th>10-12</th><th>'23.1-3</th><th>4-6</th><th>7-9</th><th>10-12</th><th>'24.1-3</th><th>4-6</th></tr>
<tr><td>LED incl. Micro LED</td><td>9%</td><td>32%</td><td>36%</td><td>27%</td><td>14%</td><td>10%</td><td>19%</td><td>23%</td><td>23%</td><td>34%</td><td>25%</td><td>27%</td><td>12%</td><td>5%</td><td>6%</td><td>11%</td><td>21%</td><td>32%</td></tr>
<tr><td>GaN Power</td><td rowspan="2">37%</td><td rowspan="2">29%</td><td rowspan="2">24%</td><td rowspan="2">31%</td><td rowspan="2">29%</td><td rowspan="2">30%</td><td rowspan="2">30%</td><td rowspan="2">38%</td><td rowspan="2">33%</td><td rowspan="2">31%</td><td rowspan="2">37%</td><td rowspan="2">42%</td><td rowspan="2">64%</td><td rowspan="2">83%</td><td rowspan="2">82%</td><td rowspan="2">75%</td><td>45%</td><td>34%</td></tr>
<tr><td>SiC Power</td><td>17%</td><td>18%</td></tr>
<tr><td>Optoelectronics & Communications</td><td>38%</td><td>26%</td><td>29%</td><td>33%</td><td>56%</td><td>59%</td><td>50%</td><td>37%</td><td>42%</td><td>32%</td><td>36%</td><td>28%</td><td>23%</td><td>12%</td><td>11%</td><td>12%</td><td>11%</td><td>9%</td></tr>
<tr><td>Other incl. R&D</td><td>16%</td><td>13%</td><td>11%</td><td>9%</td><td>1%</td><td>1%</td><td>2%</td><td>2%</td><td>2%</td><td>3%</td><td>2%</td><td>3%</td><td>1%</td><td></td><td>1%</td><td>2%</td><td>6%</td><td>7%</td></tr>
</table>

AMECのMOCVD「PRISMO UniMax」

おり、全社売上高は20年が7.97億元、21年が10.35億元、22年が16.97億元、23年が22.22億元と推移。このうちMOCVDの売上高は順に4.96億元、5.03億元、7.00億元、4.62億元となっている。

24年は、1～6月の半期で全社売上高が前年同期比41％増の18.43億元、このうちMOCVDは同49％減の1.52億元となっており、MOCVDに関しては苦戦している。マイクロLED用の新型装置の開発を進めており、試験結果では優れた波長均一性を達成し、プロトタイプを米国に出荷した。

量子ドット材料

買収で特定メーカーに競争力が収斂

量子ドット（Quantum Dot＝QD）は、液晶や有機EL、マイクロLEDといったディスプレーを広色域化する材料として採用が広がっている。QD材料とは、直径が10nm以下の半導体微粒子を指し、主にカドミウム（Cd）系やインジウム（In）系の微粒子が用いられる。UVなどの単一波長で励起されて発光し、粒径の違いで発光色が青や緑、赤に変わる。励起光を長期間照射してもほとんど退色しないため、液晶バックライトや光学フィルムに用いれば、色域をさ

Nanosysの量子ドット材料

らに広げることができる。

代表的なQD材料メーカーとして、米国のQDビジョン、ナノシス、クアンタムマテリアルズ（QMC）、英国のNanocoテクノロジー、イスラエル企業を買収した独メルク、日本企業では産総研技術移転ベンチャーのNSマテリアルズ、Cdフリー材料を開発した昭栄化学工業などがある。

QDビジョンが16年11月に7000万ドル（約78億円）でサムスン電子に買収されたことにより、FPDメーカーの量産要求に対応可能な量を供給できるQD材料メーカーは、実質的にナノシスが唯一となり、このナノシスを23年9月に昭栄化学工業が買収した。また、NSマテリアルズも23年8月にQDおよびナノ材料事業をTOPPANに譲渡し、市場が拡大するなかで再編が加速している。なお、QMCは太陽電池や医療用などに事業の舵を切り、FPD向けからほぼ撤退。Nanocoは引き続きFPD向けをターゲットの1つに置いて小規模な商業契約を結んではいるものの、FPD用では新規顧客を獲得できておらず、IRセンシング用の需要開拓に傾注している。

昭栄化学工業は新事業所を操業

昭栄化学工業㈱（東京都新宿区）は23年9月、米国の研究開発子会社である昭栄エレクトロニックマテリアルズを通じて、ナノシスのQD事業資産をすべて取得した。取得額は非公表。これによりナノシスの販売・マーケティングチーム、QD研究開発チーム、カリフォルニア州シリコンバレーの研究所が昭栄化学の一部となった。

両社は20年8月にQD材料の供給・サービス契約を締結。昭栄化学はナノシス独自のQD材料の受託製造を手がけ、QD材料の生産能力を2倍以上に拡大した。同時に、ナノシスは長瀬産業とQD材料の世界的な独占的販売契約も結んだ。長瀬産業が持つ販路を活用し、QD材料市場の拡大を進めた。

ナノシスは、19年に本社工場を増強してQD材料の月産能力を50t以上へ倍増。21年5月にはマイクロLED開発企業のglo（グロー）を買収し、グローがシリコンバレーに保有していた製造施設も手に入れたが、同年10月にグローの製造施設と開発エンジニアリングチームを、マイクロLED光通信技術を開発する米Avicenaに売却し、QD材料事業に特化した。

昭栄化学は22年4月、福岡県糸島市の糸島リサーチパークに新事業所の開設を計画し、県および市と立地協定を締結した。初期投資額は約60億円で、23年秋に操業を開始した。敷地約1万4600m^{2}にQD材料の開発・生産拠点を建設したもので、稼働から3年間で新規に50人を雇用する予定。また、新事業所は福岡県が目指す環境配慮型製品の開発・生産拠点の構築に寄与することから、グリーンアジア国際戦略総合特区の特区法人認定を受けた。立地協定の締結とともに、特区法人指定書が交付された。

シリコンバックプレーン

LCOSメーカーが活躍

シリコンバックプレーン（Si-BP）はLEDoSの駆動回路となるもので、マイクロLEDとは別のウエハーに製造され、最終的にマイクロLEDアレイとウエハー状態で貼り合わされる。そのため、LEDoSメーカーはマイクロLEDアレイの開発・製造に専念し、Si-BPは外部の専門メーカーや半導体ファンドリーに製造・供給してもらうケースがほとんどだ。Si-BPは半導体設計のノウハウを要することから、LCOS（Liquid Crystal On Silicon）メーカーが開発・提供するケースが目立っている。

コーピンは複数のLEDoSメーカーと提携

LCOSメーカーである米コーピン(Kopin)は、複数のLEDoSメーカーと開発提携や協業契約を結んでいる。

21年には、ジェイドバードディスプレー(Jade Bird Display＝JBD)と複数年の開発契約を締結した。コーピンが設計・提供するSi-BPウエハーに、JBDがマイクロLEDウエハーをボンディングし、モノリシック型の2K×2K(解像度2048×2048)単色LEDoSディスプレーを開発・製造する。両社でシースルーのAR／MR用途を開拓していく考え。

同年には、日本の大手エレクトロニクス企業と2K×2KのフルカラーLEDoSディスプレーを共同で開発・生産する複数年契約も結んだ。コーピンは日本企業から開発資金の支援を受けて独自のSi-BPウエハーを、日本企業はフルカラー化に必要な色変換プロセスとボンディング技術をそれぞれ開発する。

24年1月には、ベルギーのMICLEDIマイクロディスプレイズとAR用LEDoSディスプレーの開発・設計・製造で提携した。MICLEDI独自のCMOS生産フローと、コーピンのBP制御・駆動能力および製造技術を活用し、フルカラーLEDoSディスプレーの量産化を目指す。防衛、業務用、民生用、医療システム向けに事業化を進めていく。

ラオンテックは200万ドルの供給契約を締結

韓国のラオンテックは、LCOSのほかにテレビ用SoCや各種ドライバーICなど、ディスプレーソリューションを提供するファブレス。23年12月にマイクロLEDメーカーの台湾プレイナイトライド(PlayNitride)と協力契約を締結し、マイクロLEDディスプレー用BPを納入すると発表した。

加えて、24年初頭に米国で開催された光学機器の展示会SPIEにAR機器向けのLEDoSディスプレー用BPを展示した。展示したSi-BP「RDP380」は、画素サイズ6μmで8ビットフルカラーに対応し、解像度1280×960を表示できる。これは単色で4200ppi、カラーで2100ppiに相当する。製品サイズは9.5mm角。画素駆動回路だけでなく、ARグラス専用アプリケーションプロセッサーから映像信号を直接受信できるMIPIインターフェースも内蔵し、使いやすさや低消費電も実現した。

さらに24年7月には、マイクロLED分野の顧客とBPウエハーの供給契約を結んだことを明らかにした。契約額は204万ドル。また、ウエアラブル機器用の小型光学モジュールメーカーである米AVEGANT、スマートグラスメーカーの米Vuzixとともに ARグラスを試作し、これにLCOSを供給したことも明らかにした。

JDCは早くからLEDoSメーカーに協力

台湾のジャスパーディスプレー(Jasper Display＝JDC)は、10年に設立されたLCOSウエハー、LCOS／有機ELマイクロディスプレー、ドライバーICなどの開発会社。18年にスウェーデンのglo(のちに米ナノシスが買収)と共同でマイクロLEDディスプレーを開発し、ディスプレーの国際学会「SID 2018」に展示した。gloのサイズ10μmのLEDチップと、JDCのSi-BP「JD67E2」を組み合わせた。

同年には、LEDメーカーの英プレッシーセミコンダクターズと戦略的パートナーシップ契約を結んだ。プレッシーがGaN on Siウエハー上に製造したLEDoSディスプレーを、JDCのSi-BPで駆動できるようにするのが狙いだった。

21年には、米サンダイオード(Sundiode)が開発したLEDoSにSi-BPを提供した。サンダイオードは、RGBサブピクセルを積層して単一ウエハー上に形成した構造のLEDoSディスプレーを開発しており、この積層型LEDアレイとCMOS-BPを組み合わせ、フルカラー化を実現した。ディスプレーのサイズは15.4×8.6mm、ピクセルサイズは100μm、解像度は約200ppiだった。

だが、22年にJDCがLEDoSメーカーの米Raxiumに買収されたのではないかと報じられた。RaxiumはJDCのIPと研究開発チームを取得したという。さらに、24年1月には、独HOLOEYE Photonics AGがJDCのLCOS技術資産ポートフォリオを買収したと発表した。HOLOEYEは、位相および振幅変調用の空間光変調器（SLM）のラインアップを拡張するのが狙いだという。

スナップはLCOS／BPメーカーを買収

写真共有アプリ「Snapchat」やスマートグラス「Spectacles」などを開発する米スナップ(Snap)は24年9月、第5世代となるシースルーARグラス「Spectacles」を発表した。開発者プログラムを通じて月額99ドルで提供する。一般販売については言及していない。

第5世代のSpectaclesは、クアルコムのSnapdragonプロセッサーを2基搭載し、最大45分のバッテリー寿命を持つ。独自のSnap OSを搭載し、重さは226gで、一般的なVRヘッドセットの半分以下。小型のLCOSマイクロプロジェクターを搭載し、鮮明でシャープな画像を生成する。光学エンジンは、1°あたり37ピクセルの解像度で46°の対角視野を実現しており、これは10フィート離れた距離で100インチディスプレーを視聴していることに相当する。

Snapは、LCOSメーカーの米コンパウンドフォトニクスと、回折導波路などの光学部品を開発する英ウェーブオプティクスを買収しており、第5世代に採用したLCOSはこれら傘下企業で独自開発したものとみられる。コンパウンドフォトニクスは、スナップに買収される前の21年に、独自開発したSi-BP「IntelliPix」の生産について、半導体ファンドリー大手の米グローバルファウンドリーズ（GF）と戦略的パートナーシップ契約を結んでおり、GFの22nm FD-SOI（完全空乏型Silicon on Insulator）技術プラットフォームである22FDXで製造することを表明していた。

XRデバイス・ディスプレー最前線

量産投資が進むOLEDoSの動向に迫る

2024年 11月 25日 印刷　　定価 17,600円（税込）

2024年 12月 2日 発行

編集発行人 吉 満 大 輔

発 行 所 株式会社産業タイムズ社 https://www.sangyo-times.jp/

本 社 〒101-0032 東京都千代田区岩本町1-10-5 TMMビル3階 TEL.03-5835-5891 Fax.03-5835-5491

大 阪 支 局 〒530-0001 大阪市北区梅田1-1-3 大阪駅前第3ビル26階 TEL.06-7222-8055 Fax.06-7222-8056

ISBN978-4-88353-386-2